Susie Page wurde 1932 in Hackensack/USA geboren und lebt heute in Kalifornien. Für das Magazin *Cats* schreibt sie seit über zehn Jahren eine regelmäßige Kolumne und beantwortet Leserbriefe. Susie Page ist auch Secretary der »American Cat Society«, Präsidentin der »Siamese Cat Society«, Sachverständige für alle Katzenrassen und erfolgreiche Ausstellerin und Züchterin von Siam- und Burmakatzen. Ihr Rat als Expertin ist viel gefragt und zahlreiche Artikel der Autorin erscheinen auch in Zeitschriften außerhalb der Vereinigten Staaten.

Vollständige Taschenbuchausgabe
Droemersche Verlagsanstalt Th. Knaur Nachf. München
Lizenzausgabe mit freundlicher Genehmigung
des Albert Müller Verlages AG, Rüschlikon-Zürich
Titel der Originalausgabe »Let's Talk Cats!«

Aus dem Amerikanischen von Sigrid Eicher

Umschlaggestaltung Franz Wöllzenmüller
Umschlagfoto Toni Angermayer
Gesamtherstellung Clausen & Bosse, Leck
Printed in Germany · 1 · 12 · 285
ISBN 3-426-07674-8

1. Auflage

Susie Page:
Katzen-Alltag

Die besten Tips und Tricks

Jesus Christus
ist
der Weg
die Wahrheit
und
das LEBEN

Religion rettet
nicht
nur der Glaube
†

Knaur®

ISBN 3-426-07674-8 780

Inhaltsverzeichnis

Vorwort

Können Sie sich noch an die Zeit vor etwa dreißig Jahren erinnern, als Dr. Benjamin Spocks Buch über Säuglings- und Kinderpflege herauskam? Es war die Bibel für jede Mutter mit einem Kleinkind. Wir hatten in der einen Hand das Buch und in der anderen das Baby und schlugen nach, «was tun, bis der Doktor kommt». Nun, «Katzen-Alltag» dient dem gleichen Zweck und wird in zehn Jahren noch genauso nützlich sein wie heute, denn gewisse Haltungen, Instinkte und Verhaltensweisen sind allen Katzen, ob Rassekatze oder Haustiger, gemeinsam. Das Buch sagt nicht nur, wie man einer Katze helfen kann, bevor man den Tierarzt erreicht; es trägt auch der Tatsache Rechnung, daß viele Katzenbesitzer überhaupt keinen Tierarzt in der Nähe haben und weist für diesen Fall auf einige praktische Hausmittel hin.

Seit acht Jahren habe ich eine regelmäßige Spalte in einem Katzenmagazin, in der ich erkläre, warum eine Katze dies oder jenes tut und wie man am besten darauf reagiert. Über zwölftausend Leser haben mir geschrieben und mich entweder um Rat gefragt oder selbst Vorschläge gemacht, wie man ein Verhaltensproblem in den Griff bekommen könnte. Ihre Probleme, Fragen und Lösungen habe ich kombiniert mit allem, was ich in zwanzig Jahren über Katzen gelernt habe, und daraus ist dieses Buch entstanden.

Buchstäblich jede Erfahrung, die ein Katzenliebhaber mit seiner Katze machen kann, wird darin behandelt. Es enthält nicht nur die Voraussetzungen für ein harmonisches Zusammenleben von Mensch und Katze, sondern auch handfeste Tips dafür, wie man zum Beispiel eine Medizin eingibt oder eine kratzende, beißende Langhaarkatze kämmt. Es erklärt, warum ein kastrierter Kater oder eine sterilisierte Kätzin plötzlich auf die Möbel uriniert oder den Teppich als Katzentoilette benutzt (und wie man diese Untugend abstellt und sowohl Fleck als auch Geruch wieder aus dem Teppich entfernt!). Es gibt Antwort auf Fragen wie «Sollen Katzen Milch trinken?», «Ist Trockenfutter schädlich?», «Lohnt es sich, für einen Schildpatt-Kater Geld auszugeben?» und viele andere. Sie können sogar daraus lernen, wie Sie Ihre Edelkatze oder Ihre Hauskatze auf einer Ausstellung vorstellen.

Seit zwanzig Jahren züchte ich braune Burmesen und Lilac-point-Siamesen, aber Sie dürfen versichert sein, daß meine Katzen nicht wissen, daß sie Rassekatzen mit Stammbaum sind (was ihnen auch völlig gleichgültig wäre!). Sie verrichten gelegentlich ihr Geschäft auf dem Teppich, klauen den Küchenschwamm und verstecken ihn unter der Bettdecke, werden krank und entwickeln heikle Eßgewohnheiten, die einen zur Verzweiflung treiben können – genau wie Ihre Katzen! Sie alle sind am liebsten «König» und thronen über allem anderen (wie Sie wahrscheinlich schon selbst gemerkt haben, weil auch Ihre Katze am liebsten an hochgelegenen Stellen schläft, meist oben auf dem Kühlschrank).

Ich habe Hunderte von Katzen großgezogen und insofern Glück gehabt, als einige meiner ersten Katzen sechzehn Jahre alt wurden; ich möchte aber betonen, daß ich niemals versuche, bei meinen Katzen den Arzt zu spielen und auch nie eine Medizin in Bereitschaft halte. Beim ersten Anzeichen einer Erkrankung bringe ich meine Katze zum Tierarzt. Ich bilde mir nicht ein, ein Doktor zu sein; ich habe einfach mit jedem neuen Wurf und jedem Elternteil etwas dazugelernt und bin fest davon überzeugt, daß wir dem Tierarzt am besten dadurch helfen, daß wir die Katzen beim ersten Verdacht zu ihm bringen. (Ihre Katze zeigt Ihnen, genau wie meine, wenn ihr etwas fehlt, und mehr darüber steht im Unterkapitel «Krankheitssymptome».) Ich richte mich genau nach den Anweisungen des Tierarztes und gebe jede Medizin genau nach Vorschrift.

Mein erster Lehrmeister war eine Katze. Ich habe Kihara (meiner ersten Ausstellungskatze, aber auch dem besten Schlafgenossen, den ich je hatte) unendlich viel zu verdanken! Doktor Sherman Z. Zaks und seine Frau Frances, meine Tierärzte, trugen durch ihr ungewöhnliches Wissen, ihr Mitgefühl und ihren unerschütterlichen Glauben daran, daß man nie die Hoffnung aufgeben darf, solange noch Leben besteht, nicht nur dazu bei, daß mir Kihara sechzehn Jahre lang erhalten blieb, sondern auch viele meiner anderen Jungkatzen. Weder mit Worten noch mit Geld kann ich mich je dafür erkenntlich zeigen, was sie mir an ärztlicher Hilfe und persönlichem Engagement gegeben haben, aber ich hoffe, daß die vielen Generationen gesunder, glücklicher Katzenbabys, denen sie zum Leben verholfen haben, sie bis zu einem gewissen Grad dafür entschädigen können.

Mr. Raymund D. Smith, der Herausgeber des Magazins «Cats», gab mir Gelegenheit, einiges von dem, was ich gelernt hatte, weiterzugeben, als er im November 1971 meinen ersten Artikel veröffentlichte und mir ab April 1973 eine monatliche Kolumne einräumte. Vielen Dank, Ray, Mike und allen anderen Redaktionsmitgliedern von «Cats»!

Eleanor Price (Haustierspezialistin der «Los Angeles Times») brachte mich in Kontakt mit meinem Verleger, und Bill Eastman, Redakteur bei The Stephen Greene Press, hielt mich bei der Stange und gab mir wieder Auftrieb, wenn ich aufgeben wollte. Es ist sein Verdienst, daß aus einer Idee wirklich ein Buch wurde.

Lakeview Terrace, Kalifornien *Susie Page*
Januar 1980

1 Wie man sich ein Kätzchen aussucht

Es gibt viele Möglichkeiten, zu einem Kätzchen zu kommen. Oft werden sie vom Tierschutzverein oder ähnlichen Gesellschaften angeboten, aber meist wird eine – relativ bescheidene – Summe für die Kosten der Sterilisation oder Kastration und der Impfungen verlangt. Man bekommt das Kätzchen also nicht «umsonst».

Auch in der Zeitung werden oft junge Katzen angeboten. Manchmal sind solche Angebote sogar in Läden oder Einkaufszentren angeschlagen, oder man erfährt von irgendwelchen Bekannten, wo Kätzchen zu bekommen sind. Meist kosten solche «geschenkten» Kätzchen im Endeffekt mehr, als wenn man gleich bei einem Züchter gekauft hätte. Sie sind fast durchweg nicht geimpft und oft von Flöhen und Ohrmilben geplagt. Bis man alle Impfungen nachgeholt hat und alle Plagegeister losgeworden ist, kostet solch ein Kätzchen schnell ebensoviel wie ein Rassekätzchen vom Züchter – aber ohne Stammbaum!

In Deutschland kann man Katzen auch in einer Tierhandlung kaufen, während dies in der Schweiz im allgemeinen nicht üblich ist. Die Tiere sind aber oft nicht vollständig geimpft, und viele brüten aufgrund der mangelhaften Haltungsbedingungen – unhygienische Käfige, zu viele Tiere an einem Platz – eine Krankheit aus. Außerdem verlangen Tierhandlungen in der Regel zuviel für eine Katze mit Stammbaum. Wer eine Rassekatze in einer Tierhandlung kauft, sollte wissen, daß nur wenige gute Züchter ihren Katzennachwuchs mit Papieren über eine Tierhandlung verkaufen. Auch wenn das Kätzchen angeblich «Papiere» hat – solange man keinen Nachweis der Eintragung bei einem der großen Züchtervereine und einen vier Generationen umfassenden lückenlosen Stammbaum erhält, sind solche «Papiere» auch nichts wert. Und da es fast unmöglich ist, in Erfahrung zu bringen, von welchem Züchter solch ein Kätzchen stammt, kann man sich die Papiere auch nicht selbst besorgen.

Am besten kauft man Rassekatzen direkt von einem seriösen Züchter. Eine Katzenausstellung bietet die beste Gelegenheit, sich die verschiedenen Rassen anzusehen und mit den Züchtern zu sprechen. Man kann sich auch vom Tierarzt renommierte Züchter empfehlen lassen oder sich eine Katzenzeitschrift kaufen und die entsprechenden Adressen ausfindig machen.

Ist das Kätzchen auch gesund?

Wenn man ein Kätzchen aus der Nachbarschaft ins Haus nehmen will, muß man zuerst darauf achten, daß es keine Flöhe oder Ohrmilben hat (das Ohrinnere muß völlig sauber aussehen), daß die Augen klar sind und nicht etwa voller Eiter, daß es keine rosa Augenlider und keinen Nasenausfluß hat. Der Bauch darf nicht aufgebläht und geschwollen wirken, sondern nur ein bißchen rund. Die meisten Kätzchen haben ein flauschiges Fell, aber wenn das Fell sehr trocken aussieht und vom Körper absteht, könnte dies ein Zeichen für eine Erkrankung oder für Parasiten sein.

Auf diese Punkte sollte man auch achten, wenn man ein Kätzchen von einer Tierhandlung oder vom Züchter kauft. Zusätzlich ist hier noch wichtig, was für einen Eindruck die Tierhandlung bzw. das Haus des Züchters machen. Sind sie sauber? Riecht es nach Katzen? Sehen die Katzeneltern gut aus? Wenn ein Züchter nur ein oder zwei Kätzchen vorzeigt und die anderen im Hinterzimmer versteckt, würde ich fragen, warum. Was gibt es da zu verbergen?

Ein paar Kätzchen kommen vielleicht auf Sie zugelaufen, springen Ihnen auf den Schoß und fangen an zu schnurren, aber das darf beim Kauf nicht den Ausschlag geben. Dasselbe Kätzchen, das in seinem Zuhause überhaupt keine Angst hatte, kann sich in einer neuen Umgebung als überaus ängstlich erweisen und tagelang unter dem Bett verschwinden. Andererseits können Kätzchen, die sich zuerst kaum anfassen ließen, ihre Liebe und Aufmerksamkeit unverzüglich auf den neuen Besitzer übertragen, sobald sie in ihrem neuen Zuhause sind. Man weiß das nie im voraus. Meine Empfehlung lautet, sich das Kätzchen auszusuchen, das einem am besten gefällt, und darauf gefaßt zu sein, daß es ein paar Tage dauert, bis man seine Liebe und sein Vertrauen gewonnen hat. Deshalb ist es auch am besten, die Neuerwerbung am Freitag abend mit nach Hause zu nehmen, damit man sich ein Wochenende lang miteinander befassen kann, bevor man wieder arbeiten muß.

Die erste Nacht im neuen Heim ist für das Kätzchen und frischgebackene Besitzer die schwerste. Das Kätzchen im eigenen Bett schlafen zu lassen, ist aus hygienischen Gründen und wegen der Infektionsgefahr (Toxoplasmose, siehe auch Seite 96f.) nicht ratsam. Im Schlafzimmer sollte indes eine Katzentoilette bereitstehen, denn das Kätzchen fürchtet sich möglicherweise noch zu sehr, um im ganzen Haus nach einer zu suchen. In den ersten Tagen müssen Sie damit rechnen, daß das Kätzchen seinen Geschwistern nachweint, aber das geht bald vorüber.

Fragen Sie den Züchter, wie das Kätzchen bisher gefüttert wurde. Ein Futterwechsel zusätzlich zu dem Streß der Anpassung an eine neue Umgebung könnte eine Erkrankung oder zumindest Durchfall zur Folge haben. Das Futter sollte an einem Ort stehen, der Sicherheit vermittelt – nicht mitten in der Küche, sondern in einer Ecke oder etwas erhöht. Denken Sie auch daran, daß das Kätzchen daran gewöhnt ist, mit anderen zusammen und unter der Einwirkung von Futterneid zu fressen. Es kann sein, daß Sie ihm erst ein wenig Futter ins Mäulchen stecken müssen, damit es frißt. Vielleicht müssen Sie in den ersten Tagen sogar die Ersatzkatze spielen und sich neben der Futterschüssel auf den Boden hocken, damit es Appetit bekommt. Wenn Sie das Kätzchen vom Züchter oder von einer Tierhandlung gekauft haben, dürfen Sie fragen, ob das Kätzchen und alle anderen Katzen dort nachweislich auf infektiöse Leukämie getestet wurden und ob die Tests (der IF-Test oder der neuere Elisa-Test) negativ verlaufen sind. Wenn der Züchter keinen Nachweis dafür erbringen kann, kaufen Sie das Kätzchen besser nicht.

Fragen Sie, welche Impfungen es erhalten hat und ob es entwurmt ist. Es muß gegen Katzenseuche (auch Staupe, Panleukopenie und infektiöse Enteritis genannt) sowie gegen Katzenschnupfen (medizinisch genauer Calici- und Picornavirus-Infektion oder Rhinotracheitis) geimpft und vorher zweimal im Abstand von vierzehn Tagen entwurmt worden sein. Wenn Sie ein Kätzchen geschenkt bekommen, müssen sie das Entwurmen und die Impfungen vom Tierarzt nachholen und es auf Katzenseuche untersuchen lassen. Das ist besonders wichtig, wenn Sie noch andere Katzen haben, denn der für die Katzenseuche verantwortliche Virus ist äußerst ansteckend und kann für Ihre anderen Katzen den Tod bedeuten.

Schon vorhandene Katzen werden das neue Kätzchen wahrscheinlich anfauchen und anzischen, aber es ist nicht anzunehmen, daß sie ihm wirklich etwas tun. Die ablehnende Haltung kann Wochen anhalten, aber solange sie das Kätzchen nicht wirklich verletzen, greift man besser nicht ein, sondern verteilt nur seine Liebe und Aufmerksamkeit gleichmäßig unter allen Beteiligten, bis sie sich schließlich aneinander gewöhnt haben.

Dies ist vermutlich die geeignete Stelle, um darüber zu reden, was passiert, wenn man eine ausgewachsene Katze zu anderen ausgewachsenen Katzen ins Haus bringt. Es ist schwierig und gelegentlich ganz und gar unmöglich. Selbst wenn Sie mit unbegrenzter Geduld und Zeit versuchen, sie zu integrieren, werden Sie wahrscheinlich feststellen, daß die eine oder andere den Neuankömmling doch nicht akzeptiert, ja ihn sogar angreift und womöglich ernsthaft verletzt. Man kann ausgewachsene Katzen ebensowenig zwingen, einander zu mögen, wie man erwarten kann, daß man selbst alle Leute mag, die einem begegnen. Eine ausgewachsene Katze stellt für Ihre Katze eine gewisse Bedrohung dar, weil sie ebenso groß ist wie sie selbst. Unter Umständen wird sie als Reviereindringling bekämpft, wobei es zu Verletzungen kommen kann, während das wesentlich kleinere Kätzchen längst nicht als so bedrohlich empfunden wird.

Meiner Meinung nach sollte man immer mindestens zwei Katzen im Haus haben, denn Katzen fühlen sich offensichtlich in Gesellschaft anderer Katzen wohler. Es macht ihnen Spaß, sich gegenseitig zu putzen, miteinander zu spielen und miteinander zu schlafen. Das bedeutet aber nicht, daß man seiner Hauskatze den Seelenfrieden nehmen soll, indem man eine weitere ausgewachsene Katze ins Haus bringt. Ein junges Kätzchen ist viel besser.

Wenn Sie noch keine Katze haben, besteht kein Grund, weshalb Sie nicht einer ausgewachsenen Katze ein Heim bieten sollten. Es ist ja niemand da, der seinen angestammten Platz verteidigen und Ärger machen könnte.

2 Ernährung

Was frißt eine Katze?

Seit Jahren wird darum gestritten, ob Milch für Katzen – und Menschen! – gut ist. Katzen sollte man keine Milch und keine Sahne füttern, weil sie wegen des hohen Laktoseanteils meist davon Durchfall bekommen. Wenn Sie unbedingt etwas Milchähnliches füttern wollen, verdünnen Sie am besten Kondensmilch zu gleichen Teilen mit Wasser oder geben ihr Quark, der fast laktosefrei ist. Verabreichen Sie zuerst nur wenig und behalten Sie die Katzentoilette gut im Auge. Wenn Ihre Katze keinen Durchfall bekommt, gehört sie zu den wenigen Glücklichen, die Milch in dieser Form vertragen.

Die Katze hat einen hohen Bedarf an Eiweiß (Protein). Reichliche Eiweißnahrung macht die Katze munter; Eiweißmangel dagegen macht sie apathisch. Hochwertiges und leicht verdauliches Eiweiß ist im Muskelfleisch, in Innereien, Fisch, Milch, Milchprodukten und Eiern enthalten. Rohes oder gekochtes Eigelb ist sehr gut, aber Eiweiß darf nie roh gefüttert werden. Es ist für Katzen nur in gekochter Form verträglich. Pflanzliche Eiweißlieferanten sind Haferflocken, Reis, Vollkornbrot, Kartoffeln und Sojamehl. Erst Kombinationen von Fleischeiweiß, Milch- und Eieiweiß und Pflanzeneiweiß ergeben die für Katzen richtige Nahrung. Gutes Fertigfutter enthält das von der Katze benötigte hochwertige Eiweiß in angemessener Dosierung.

Wenn Ihre Katze ein trockenes Fell hat, lassen Sie sich vom Tierarzt sagen, welches Öl Sie dem Futter beimengen können. Es gibt Öl, das zwar Vitamin E enthält, gleichzeitig aber die lebenswichtige Wirkung von Vitamin A neutralisiert. Manche Öle werden auch schnell ranzig, wenn sie nicht richtig aufbewahrt oder rechtzeitig aufgebraucht werden.

Leider kann ich nicht mit Bestimmtheit sagen, Sie sollen Dosenfutter, Trockenfutter oder auch rohes Fleisch oder Nieren verfüttern, denn es kann durchaus sein, daß Ihre Katze diese Art Futter nicht mag. Ich glaube, es gibt keine zwei Experten, die sich über die richtige Ernährung von Katzen einig sind. Der eine ist für Dosenfutter und der andere dagegen. Einer empfiehlt Trockenfutter, der nächste halbtrockenes Futter. Nicht einmal darüber besteht Einigkeit, ob man überhaupt rohes Fleisch, Leber, Herz und Nieren füttern soll. Viele Forscher halten rohes Fleisch für parasitär verseucht und sind dafür, es nur gekocht zu verfüttern. Andere wiederum verweisen auf eine Studie, bei der neunhundert Katzen ein Jahr lang beobachtet wurden und die einwandfrei ergab, daß diese neunhundert Katzen samt ihrem Nachwuchs weniger krank und weniger streßanfällig waren als solche, die kein rohes Fleisch erhielten.

Immerhin gibt es für die gesunde Katzenernährung eine Faustregel: Sie sollte zu zwei Dritteln aus Fleisch oder Fisch und zu einem Drittel aus Beifutter bestehen, das sich aus Nährmitteln zusammensetzt. Das bedeutet mit anderen Worten, daß die Katze eiweißreich, aber fett- und kohlenhydratarm ernährt werden soll. Wichtig ist, daß die in den Pflanzen vorkommenden Kohlenhydrate, bzw. Produkte wie Reis, Gemüse, Haferflocken, Teigwaren usw., für die Katze gekocht oder gebraten werden. Sonst ist das Kochen und Braten nicht unbedingt notwendig.

Ich persönlich füttere am liebsten rohes, blutiges Rindfleisch und Innereien vom Rind als Hauptbestandteil des täglichen Futters. Ich kaufe bei einem Spezialgeschäft für Tierfutter, aber wenn Sie keines in der Nähe haben, können Sie einfach ein paar Rindfleischabfälle, Herz, Nieren und Leber durch den Fleischwolf drehen. Meiner Erfahrung nach müssen Katzen aber schon sehr jung an rohes Fleisch gewöhnt werden, denn wenn sich ihr Geschmack erst einmal ausgeprägt hat, ist es fast unmöglich, sie noch einmal umzustellen.

Zusätzlich zu der Hauptmahlzeit aus rohem Fleisch stehen überall im Haus Schüsselchen mit Trockenfutter als kleine Zwischenmahlzeiten. Trockenfutter reinigt die Zähne von Zahnstein und trägt dazu bei, den Gaumen gesund zu erhalten. Da meine Katzen halbtrockenes Futter nicht mögen, gibt es zum Frühstück irgendein Dosenfutter. Jungkatzen und trächtigen Katzen mische ich zusätzlich etwas Kalziumphosphat und Nährhefeflocken ins

Futter, sonst nichts weiter (siehe auch Seite 150). Ob Ihre Katze richtig ernährt ist, sehen Sie daran, ob sie widerstandsfähig gegen Krankheiten ist, klare Augen und ein glattes, glänzendes Fell hat. Ist sie häufig krank oder sind Augen und Fell stumpf, sollten Sie mit dem Tierarzt eine andere Futterzusammensetzung ausarbeiten oder fragen, welche Vitamine und Mineralstoffe Sie zusätzlich geben können.

Selbst wenn Sie eine Ernährungsweise herausgefunden haben, die Ihre Katzen bei bester Kondition und Gesundheit erhält, kann es Ihnen passieren, daß die Katzen das Futter eines Tages nicht mehr mögen. Wundern Sie sich nicht; wir können nicht erwarten, daß Katzen jeden Tag das gleiche mögen! Sie ändern ihren Geschmack von Zeit zu Zeit, genau wie wir. Versuchen Sie es mit einer anderen Geschmacksrichtung oder verzieren Sie die Normalkost mit etwas Fisch, Geflügel oder pürierter Babynahrung. Lassen Sie sie nicht hungern, bis sie nachgeben. Wenn sie ein Futter ablehnen, verlieren sie Gewicht und können innerhalb weniger Tage krank werden.

Ich habe immer eine Auswahl von Dosenfutter im Haus, und wenn meine Katzen ihr Lieblingsfutter einmal nicht mögen, verfüttere ich dieses an eine andere Katzengruppe und öffne für die ersten eine andere Dose.

Katzen können sogar in bezug auf die Marke des Trockenfutters heikel sein. Meine Katzen fraßen fünfzehn Jahre lang ein bestimmtes Trockenfutter und kein anderes. Letztes Jahr aber kam eine neue Marke auf den Markt, und ich probierte die verschiedenen Geschmacksrichtungen aus. Meinen Katzen schmeckte das neue Futter so gut, daß sie seither die Marke, die ihnen fünfzehn Jahre lang geschmeckt hat, nicht mehr fressen.

Am problematischsten wird es, wenn der Tierarzt Krankenkost in Dosen verschreibt. Die meisten Katzen mögen den Geschmack oder die Konsistenz dieses Futters nicht. Wenn Ihre Katze Schwierigkeiten macht, versuchen Sie es damit, obenauf etwas von ihrem Lieblingsfutter zu legen. Feinpassierter Schinken hilft manchmal auch.

Um es noch einmal zusammenzufassen: Es gibt kein bestimmtes Futter, das man füttern sollte, denn Katzen ändern ihren Geschmack von Zeit zu Zeit. Die meisten Artikel bekannter

Tierfutterhersteller enthalten die erforderlichen Mengen an Eiweiß, Kohlenhydraten, Fettbestandteilen und Vitaminen. Sie können Ihrer Katze also jede Art von Fertignahrung, aber auch rohes Rindfleisch und Innereien vom Rind geben. Und wenn es Ihnen nichts ausmacht, zum Schluß eine verwöhnte, anspruchsvolle Katze zu haben, können Sie ihr Bissen vom eigenen Essen reichen. Manche Katzen mögen zusätzlich zu Geflügel, Fisch und Fleisch Kartoffeln und anderes Gemüse und außerdem einfach alles, was die Menschen essen. Jeden Morgen, wenn ich mir mein Brötchen mit Butter bestreiche, stehen meine Butterliebhaber nach ihrem täglichen Häppchen Butter an. Und wenn ich eine Avocado vorbereite, habe ich alle Mühe, mir die gesamte Katzengesellschaft vom Hals zu halten. Avocado ist für sie das Höchste!

Zuletzt seien noch die häufigsten Fütterungsfehler erwähnt. Dazu gehört die Ernährung der Katze mit Hunde-Fertigfutter. Da Katzen einen fast viermal höheren Eiweißbedarf haben und mehr als doppelt soviele Vitamine des B-Komplexes brauchen, können sich auf die Dauer Mangelschäden entwickeln. Falsch ist auch die reine Fleischfütterung, weil Fleisch zu wenig Kalzium enthält. Übermäßige Leberfütterung wiederum kann eine Vitamin-A-Vergiftung zur Folge haben, so daß u. a. Knochenwucherungen und Verkrüppelungen entstehen. Verhängnisvoll ist schließlich auch die alleinige Fütterung von selbstbereiteten, gekochten Speisen. Durch langes Kochen werden einige Vitamine ganz oder teilweise zerstört, weshalb es zu Seh- und Wachstumsstörungen, Erbrechen, Krämpfen usw. kommen kann.

Das richtige Gewicht und die richtige Futtermenge

Als ich meinen ersten Wurf Katzen großzog, wurde mir gesagt, ich müßte jedes Kätzchen nach der Geburt und dann jeden Tag wiegen und jedem je nach Gewicht eine bestimmte Menge füttern. Inzwischen gibt es auch in Europa Broschüren mit Futtertabellen verschiedener Hersteller von Katzennahrung, auf denen genau angegeben ist, wieviele Gramm Futter pro Tag ein Kätzchen bei einem bestimmten Gewicht erhalten soll. Als ich mich daran hielt, hatte ich sehr bald ein paar übergewichtige und ein paar armselige, unterernährte Jungkatzen.

Die Autoren dieser Futtertabellen konnten natürlich die Knochenstruktur und den unterschiedlichen Stoffwechsel jedes einzelnen Kätzchens nicht berücksichtigen. Wenn Sie abzunehmen oder diät zu leben versuchen, braucht Ihr Körper eine andere Ernährung als der Ihrer besten Freundin. Das gleiche gilt für Katzen und Kätzchen.

Viele Tabellen geben an, daß beispielsweise eine acht Pfund schwere, ausgewachsene Katze eine Tasse Futter am Tag erhalten soll. Das ist einfach lächerlich. Eine nervöse und ungewöhnlich aktive Katze von acht Pfund kommt mit dieser Menge vielleicht nicht aus, während eine andere, ebenso schwere Katze, die aber träge ist und ein ruhiges Leben führt, mit der gleichen Menge viel zu dick würde.

Lassen Sie sich bei kleinen Kätzchen nicht von einem runden, geschwollenen Bäuchlein irreführen. Wenn man das Rückgrat und die Hüftknochen fühlen kann und die Beinchen im Vergleich zum Körper zu dünn wirken, sind sie nicht richtig ernährt oder nützen ihr Futter nicht richtig aus. Nach einer Mahlzeit haben alle kleinen Katzen runde Bäuche, aber die Beine und der übrige Körper sollten sich proportional entwickeln. Wenn der Bauch geschwollen und aufgebläht wirkt, so daß sich die Haut straff darüber spannt, muß der Tierarzt zu Rate gezogen werden; die Kätzchen können Würmer oder eine innere Krankheit haben oder werden nicht richtig ernährt.

Ob eine Katze zu dünn oder zu dick ist, kann man feststellen, wenn man mit dem Finger oder der Hand über das Rückgrat fährt. Mehr als ein halber Zentimeter Fleisch über dem Knochen ist zuviel. Die Hüftknochen dürfen nicht vorstehen, aber auch nicht im Fleisch verschwinden. Die Beine müssen zum Körper in einem guten Verhältnis stehen. Eine Katze mit langem, schlankem Körper sollte also eher dünne Beine haben, während bei einer mit kurzem, kompaktem Körper entsprechend stämmige, kräftige Beine vorzuziehen sind.

Wenn es aussieht, als paßten die Beine nicht zum Körper, und man die Rückenwirbel oder Hüftknochen fühlen kann, muß die Futtermenge allmählich erhöht werden. Wenn die Knochen aber von mehr als einem halben Zentimeter Fleisch bedeckt sind, hat die Katze Übergewicht, und es sollte weniger Futter verabreicht werden. Vielleicht stellt sich auch heraus, daß nicht nur die Futtermenge, sondern auch die Zusammensetzung geändert werden muß. Es kann sein, daß mehr Protein und weniger Kalorien die Lösung sind.

Zwei anschauliche Beispiele für die unterschiedlichen Futtermengen, die zwei je acht Pfund schwere Katzen benötigen: Diamond Jim, mein siamesischer Deckkater, hat einen ungewöhnlich starken und festen Körper und verbringt den größten Teil des Tages damit, auf und ab zu laufen und nach einer Partnerin zu schreien. Jimmy verträgt zwei kräftige Mahlzeiten am Tag (zusammen fast ein halbes Pfund) und bleibt dabei ganz schlank. Meine alte sterilisierte Katze Luv dagegen fraß bloß die Hälfte und sah dennoch wie ein Kürbis mit Streichholzbeinen aus.

Nach jahrelangen Mühen fand ich heraus, daß sie diese lächerliche Form selbst mit etwa sechzig Gramm Futter pro Tag beibehielt. Genaugenommen war es mein Fehler, daß sie überhaupt so dick wurde, denn ich hatte ihre Futtermenge nach der Sterilisation nicht herabgesetzt. Nach der Sterilisation, bzw. Kastration brauchen Kater und Katzen nicht mehr so viel Futter wie vorher. Man muß einfach ihre Futtermengen und ihr Gewicht im Auge behalten, damit sie gar nicht erst so übergewichtig werden können wie Luv.

Wie und wann wird gefüttert?
Trockenfutter kann man in Schüsseln anbieten, aber die eigentlichen Mahlzeiten sollten auf flachen Tellern serviert werden. Katzen verabscheuen Schüsseln! Beobachten Sie einmal, wenn sie Trockenfutter aus der Schüssel fressen. Sie nehmen ein Stückchen heraus, lassen es auf den Boden fallen und fressen es dann auf.

Aus einer Schüssel frißt eine Katze genug, um den unmittelbaren Hunger zu stillen, aber nicht genug, um bei guter Gesundheit zu bleiben. Daß ihre Schnurrhaare dauernd an die Schüsselwände stoßen, stört sie nämlich derart, daß sie zu fressen aufhört, sobald das dringendste Hungergefühl gestillt ist. Katzen benutzen ihre Schnurrhaare als Antennen, und wenn die Spitzen ständig an etwas anstoßen (zum Beispiel an eine Schüssel), fühlen sie sich irritiert und versuchen dem Grund für diese Irritation so schnell wie möglich auszuweichen.

Legen Sie also Ihrer Katze das Fressen auf einen Teller, und Sie werden sehen, daß er säuberlich abgeleckt wird. Ein Teller ist auch besser abzuwaschen als eine Schüssel! Außerdem bleibt auch nicht soviel am Kinn hängen, wie wenn die Katze aus einer Schüssel frißt.

Wenn Sie mehr als eine Katze haben, merken Sie vielleicht, daß die eine oder andere mehr frißt als die übrigen. In diesem Fall ist es am besten, wenn jede Katze ihren eigenen Teller erhält. Stellt sich heraus, daß eine Katze auch dann ihre Mahlzeit nicht beendet, versucht man es damit, den Teller an einen anderen Ort zu stellen (vielleicht fühlt sich die Katze mitten in der Küche unsicher?) oder sie sogar auf irgendeiner Ablagefläche zu füttern. Wenn es nur eine Katze ist, die ihr Futter nicht auffrißt, stellt man den Teller am besten dorthin, wo sie sich sicherer und behaglicher fühlt.

Bei mehr als zwei Katzen im Haus kann es vorkommen, daß die jüngeren, die älteren und die scheuen nicht zu ihrem Anteil am Futter kommen. Die meisten jungen Katzen stürzen sich auf das Futter, schlingen es in Windeseile in sich hinein und lassen den Teller stehen, wenn der erste Hunger befriedigt ist. Solche Kätzchen fressen vielleicht genug zum Überleben, aber gedeihen können sie auf diese Weise nicht.

Scheue Katzen umrunden den Futterteller wahrscheinlich in sicherer Entfernung von denen, die bereits am Fressen sind. Wenn sie schließlich heranzukommen wagen, ist kein Futter mehr übrig.

Denken Sie auch an Ihre ältere Katze. Wenn sie Junge hatte, hat sie sich instinktiv zurückgehalten und ihre Jungen zuerst fressen lassen. Selbst wenn sie inzwischen sterilisiert ist, bleibt dieser Instinkt so mächtig, daß sie auch jetzt noch wartet, bis alle jüngeren Katzen gefressen haben. Sogar ein kastrierter Kater kann diesen Instinkt besitzen, der ihn davon abhält zu fressen, bevor die jüngeren Katzen fertig sind.

Man kann mehrere Katzen nicht zwingen, gleichzeitig von ein und demselben Teller zu fressen. Luv, meine alte sterilisierte Siamesin, hat mir einiges über Gruppenmahlzeiten beigebracht. Sie und zwei andere Katzen fraßen immer gemeinsam von einem großen, flachen Teller. Als ich aber eine vierte Katze brachte, die ebenfalls von diesem Teller fressen sollte, zog sich Luv zurück und rührte keinen Bissen mehr an! Darauf erhielt Luv einen eigenen

Teller, den sie stets vollständig leerte. Ob es an der zu großen Zahl der Katzen bei den gemeinsamen Mahlzeiten aus *einem* Teller lag, daß Luv sich zurückzog, oder ob die vierte Katze als ranghöheres Tier Luv einfach verdrängte, läßt sich freilich nicht ohne weiteres entscheiden.

Die eine Katze frißt ihre Abendmahlzeit sofort auf, die andere knabbert die ganze Nacht daran herum. Meine Siamkatzen vertilgen alle ihr Fressen in Minutenschnelle. Meine Burmesen dagegen sind alle vornehm und brauchen bis zu sechs Stunden, bis ihre Teller leer sind. Deshalb kann ich es auch nicht so machen, wie viele Experten empfehlen, und nach einer halben Stunde die Teller wegräumen, ob die Katzen nun fertig sind oder nicht. Man kann die Freßgewohnheiten von Katzen nicht ändern, und es ist nun einmal so, daß manche Katzen schnell fressen und andere sich lieber Zeit lassen. Gegen beide Methoden ist nichts einzuwenden; das einzige Problem ist, daß man darauf achten muß, daß die Schnellfresser nicht auch noch das Futter der langsamen Fresser verputzen.

Wenn Sie zu den Menschen gehören, die Katzentoilette, Futterteller und Wasserschüssel gern säuberlich in einer Reihe in einer Ecke der Küche oder des Badezimmers aufstellen, dürfen Sie sich nicht wundern, wenn Ihre Katzen nicht fertigfressen. Wenn Toilette und Futterteller so dicht beieinanderstehen, können Sie ihnen keine Vorwürfe machen, wenn es ihnen nicht schmeckt. Katzen sind überaus empfindlich gegen Gerüche und haben wahrscheinlich einfach keine Lust, «auf der Toilette» zu fressen.

Über die Frage, zu welchem Zeitpunkt gefüttert werden soll, gehen die Ansichten weit auseinander, und vielleicht sind auch Sie sich nicht sicher, was richtig ist. Ich bezweifle, daß es überhaupt eine richtige Antwort darauf gibt. Manche Experten sagen, in Freiheit schlagen die Katzen ihre Beute und fressen gerade so viel, daß sie für zwei oder drei Tage genug haben, bis sie die nächste Beute schlagen. Sie übertragen diese Vorstellung auf Hauskatzen und finden, daß auch sie nicht jeden Tag gefüttert zu werden brauchen. Andere Experten gelangen aufgrund ihrer Forschungen zu dem Ergebnis, daß Katzen mindestens achtmal am Tag kleine Futtermengen benötigen! Keine dieser Ansichten überzeugt mich völlig; meine Katzen nicht jeden Tag füttern, kommt mir allzu drastisch vor, und sie achtmal am Tag zu füttern, ist einfach undurchführbar.

Meine ausgewachsenen Katzen bekommen eine Mahlzeit am Tag. Trächtige oder kranke Katzen werden mehrmals gefüttert, und junge Katzen erhalten immer Nachschub, sobald ihr Teller leer ist. Für meine Burmesen stehen immer und überall Schüsseln mit Trockenfutter bereit, weil sie gern den ganzen Tag ein bißchen knabbern. Für meine Siamesen dagegen kann ich nichts hinstellen, weil sie den gesamten Schüsselinhalt innerhalb von Minuten hinunterschlängen! Wenn Ihnen die Vorstellung von einer Mahlzeit am Tag nicht zusagt, können Sie Ihren Katzen auch ein kleines Frühstück anbieten, das aus Trocken- oder Dosenfutter, rohem Eigelb oder Hüttenkäse bestehen kann. Als Abendessen können Sie dann dasselbe in größerer Menge oder auch rohes oder gekochtes Rindfleisch, Herz, Leber oder Nieren füttern. Ich möchte aber noch einmal betonen, daß man Katzen, deren Futter hauptsächlich aus Fleisch und Innereien besteht, unbedingt jeden Tag je einen halben Teelöffel Kalziumphosphat und Nährhefeflocken ins Fressen mischen muß.

Wenn Sie berufstätig sind, hat Ihre Katze Sie sicher schon darauf dressiert, daß Sie sofort in die Küche und zum Dosenöffner eilen, wenn Sie von der Arbeit nach Hause kommen. Sie brauchen sich aber überhaupt keine Gedanken darüber zu machen, daß die arme Katze nun nicht rechtzeitig Abendbrot bekommt, wenn Sie einmal abends ausgehen und erst später nach Hause kommen. Die innere Uhr Ihrer Katze ist nämlich auf Ihre Ankunft zu Hause eingestellt, und nicht unbedingt auf eine bestimmte Uhrzeit.

Da ich rohes Fleisch füttere, das an der Luft oder in der Wärme schnell verdirbt, habe ich mir angewöhnt, meinen Katzen ihr «Abendbrot» unmittelbar vor dem Zubettgehen zu geben. Und da ich eine ziemliche Nachteule bin, ist das irgendwann zwischen Mitternacht und vier Uhr früh! Trotzdem sind sie den ganzen Abend friedlich und verlangen ihr Fressen erst, wenn ich aus dem Bad komme und in die Küche gehe. Dann kommen sie aus allen Ecken herbeigerannt, weil sie wissen, daß es Zeit zum Abendessen ist. Wenn ich später das Licht ausdrehe und ins Bett gehe, legen sie sich ebenfalls ruhig schlafen. Eine Zeitlang habe ich sie früher am Abend gefüttert, aber der Erfolg war, daß sie genau dann, wenn ich ins Bett wollte, zu einem neuen Tag voll fröhlicher Aktivität bereit waren. Mein jetziges System funktioniert für mich hervorragend – und vielleicht auch für Sie.

Auf jeden Fall ist es eine gute Idee, die Zeiten bei großer Hitze zu verschieben. Wenn wir das Gefühl haben, daß es zu heiß zum Essen ist, geht es den Katzen sicher genauso. Werden sie später am Abend gefüttert, wenn sie – und das Haus – sich abgekühlt haben, fressen sie ihre Portionen auf, und es besteht auch keine Gefahr, daß sie verdorbenes Futter fressen. Wenn eine Katze bei heißem Wetter Gewicht verliert, kann das die Widerstandsfähigkeit schwächen, und die spätere Fütterungszeit ist ein Weg, Gewichtsverlust zu vermeiden.

3 Schlechte Angewohnheiten

Hier ist eine Vorbemerkung notwendig. Strenggenommen müßte man nämlich von «sogenannten» schlechten Angewohnheiten sprechen, denn in Wirklichkeit handelt es sich um Verhaltensstörungen, für die das Tier nichts kann. Eine moralische Wertung des gestörten Verhaltens durch das Wort «schlecht» ist um so weniger angebracht, als es meist der Mensch selbst ist, der direkt oder indirekt dafür verantwortlich ist. Da er sein eigenes Fehlverhalten oft nicht erkennt oder aus Unwissenheit nicht zu erkennen vermag, sieht er die «Schuld» bei der Katze oder bei irgendwelchen Umständen, die mit der eigentlichen Ursache der Störung wenig oder nichts zu tun haben. Natürlich können auch die Umstände, das heißt Lebensverhältnisse, die der Art der Katzen nicht angemessen sind und die der Katzenhalter nicht zu ändern vermag, Verhaltensstörungen hervorrufen, aber auch dann trägt letzten Endes der Mensch die Verantwortung dafür. Bei der Erklärung von Verhaltensstörungen ist deshalb Vorsicht geboten, und wenn die Katze sich «schlecht» benimmt, sollten wir Menschen den Fehler in allererster Linie bei uns suchen. Und wenn es schon nicht gelingt, die Ursache der Verhaltensstörung herauszufinden (am ehesten kann dies der Tierarzt und Tierpsychologe), sollte man doch der Katze viel Verständnis und Toleranz entgegenbringen. In vielen Fällen wird etwas als schlechte Gewohnheit bezeichnet, das durchaus normalem, artgerechtem Verhalten entspricht, doch nimmt die Äußerung des Verhaltens oft zwangsläufig «falsche» Formen an, weil sich die Katze unserer menschlichen Welt nicht völlig anpassen kann. Wirkliche Katzenfreunde wollen dies auch gar nicht, denn der Liebreiz dieser Tiere beruht ja hauptsächlich eben darauf, daß sie sich weitgehend ihr eigenes, unverfälschtes Wesen zu bewahren vermochten.

Wenn man ein Kätzchen zu jung kauft

Was passiert, wenn ein Kätzchen zu jung gekauft wird, kann ich am besten verdeutlichen, wenn ich von Beanie erzähle. Sie wurde im Alter von vier Wochen gekauft, und ihre Besitzer schrieben mir folgenden Brief:

«Beanie hat Probleme, die für uns sehr störend sind. Wir haben sie nun drei Wochen (sie ist jetzt sieben Wochen alt), und sie versucht, jedes Futter einzugraben, ganz gleich welcher Marke. Das Merkwürdige dabei ist, daß sie das Futter frißt und dann versucht, den Teller einzugraben. Was bezweckt sie damit? Warum frißt sie das Futter, obwohl es ihr anscheinend nicht schmeckt?

Das zweite Problem besteht darin, daß sie an allem – einschließlich Fingern, Nasen, Zehen, elektrischen Leitungen und Kleidern – herumbeißen und -kauen muß. Besucher, die mit ihr spielen wollen, bekommen es mit der Angst zu tun, wenn sie sie in den Finger beißt. Manchmal kaut sie nur sachte darauf herum, aber manchmal wirkt sie fast bösartig. Wir haben ihr schon einen Klaps auf die Nase gegeben und mit ihr geschimpft, wir haben ihr die eigene Pfote ins Maul gesteckt, damit sie darauf beißt, aber sie hört nicht auf. Warum tut sie das, und was können wir dagegen tun?

Das dritte Problem ist das ärgerlichste. Sie deckt ihr Geschäft in der Katzentoilette nie zu. Bei unseren älteren Katzen habe ich einfach eine Pfote genommen und damit den Sand darübergeschoben, und nach ein paar Tagen hatten sie es begriffen. Beanie aber kratzt nach drei Wochen immer noch am Fußboden oder an den Wänden, wenn sie ihr Geschäft beendet hat. Ich habe sie in das Kästchen zurückgesetzt, aber sie springt wieder hinaus und läuft weg. Ich habe es mit Schimpfen versucht und habe mit ihrer eigenen Pfote den Sand darüber gekratzt, aber sie wehrt sich dagegen und hält nicht still. Was ist nur los? Mache ich etwas falsch? Oder ist Beanie einfach dumm? Auch unser Tierarzt konnte uns nicht weiterhelfen.»

Arme Beanie. Der Fehler liegt weniger bei den Besitzern als vielmehr beim Züchter, der sie mit nur vier Wochen verkaufte. So ziemlich jedes Kätzchen ist mit vier Wochen zu jung, um von der Mutter fortgenommen zu werden, und deshalb wird sich jeder Besitzer eines so jungen Kätzchens einigen der geschilderten Probleme oder allen gegenübersehen.

Mit vier Wochen kann ein Kätzchen vermutlich noch nicht scharf sehen, und das Wahrnehmungsvermögen ist noch nicht richtig entwickelt. Der Gang ist wacklig, und die Bewegungen sind noch nicht koordiniert. Es kann buchstäblich über eine Bett- oder Tischkante hinauslaufen, weil es nicht weiß, daß es hoch oben ist. Außerdem hat solch ein Baby kaum damit angefangen, die Katzentoilette zu benutzen. Man kann also von Glück sagen, wenn es – entwurzelt und in eine fremde Umgebung verpflanzt – überhaupt weiß, wozu sie gut ist, und darf nicht erwarten, daß es sein Geschäft auch noch zudeckt.

Manchen Kätzchen scheint der Instinkt, ihr Geschäft zu vergraben, angeboren zu sein; die meisten lernen es indes von ihrer Mutter. Wie aber können sie lernen, wenn ihnen die Mutter zu früh genommen wird? Ich habe diesen Lernprozeß viele Male in meinem Haus beobachtet, und ich bin fest überzeugt, daß die Kleinen lernen, indem sie der Mutter zuschauen. In Freiheit ist es für alle Jungen lebenswichtig, daß sie ihre Hinterlassenschaft zu vergraben lernen, damit sie keine Räuber auf ihre Spur locken. Dieser Instinkt ist in den ausgewachsenen Katzen sehr lebendig, und sie geben ihn an die Jungen weiter. Aber die Erwachsenen müssen Zeit haben, die Jungen zu lehren, und ein vier Wochen altes Kätzchen hat noch nichts gelernt. Beanie benutzt wenigstens die Katzentoilette. Die meisten Kätzchen in ihrem Alter halten sich an einen Vorlegteppich, eine Badematte oder eine Ecke hinter dem Sofa, und wenn sie diese schlechte Angewohnheit erst einmal angenommen haben, sind sie nur schwer wieder davon abzubringen. Und schwierig ist es auch, den Geruch wieder aus dem Teppich zu entfernen!

Beanies ärgerliche Angewohnheit, erst zu fressen und dann zu versuchen, das Futter zu vergraben, ist von ihrer Warte aus ganz vernünftig. Sie verhält sich auch hier ganz natürlich und versucht alle Spuren der Mahlzeit zu beseitigen, damit Räuber sie nicht wittern und aufspüren können.

Das Problem des Beißens und Kauens steht in direktem Zusammenhang mit der Tatsache, daß sie nicht lange genug bei der Mutter trinken durfte und keine Gelegenheit hatte, mit ihren Geschwistern zu kämpfen und sie im Spiel zu beißen und zu zwicken.

Wenn ich mir meine Jungkatzen ansehe, sind selbst solche, die schon vier Monate alt sind, immer noch eifrig damit beschäftigt, an den Ohren, Schwänzen und Pfoten ihrer Geschwister herumzukauen. Ich wundere mich immer, wie sie diese Balgereien überhaupt überleben! Nehmen wir einem Kätzchen die Mutter und die Geschwister, wendet es sich notgedrungen dem Nächstliegenden zu, Ihrer Hand oder einem anderen Gegenstand, und beißt darauf herum. Ein weiterer Grund für das Beißen ist auch, daß es zur Entwicklung der Zähne beiträgt. Niemand wundert sich, wenn ein Menschenbaby an seinen Gitterstäben oder einer Rassel herumkaut. Warum also sollten wir uns wundern oder ärgern, wenn ein Katzenbaby das gleiche tut?

Man kann junge Katzen nicht mit jungen Hunden vergleichen. Junge Hunde scheinen ihre lebenslängliche Beziehung zu Menschen schon sehr früh zu entwickeln und können normalerweise im Alter von acht Wochen gekauft werden. Junge Katzen scheinen eine längere Zeit in Gesellschaft der Mutter und der Geschwister verbringen zu müssen. Ich würde kein Kätzchen kaufen, das jünger als drei Monate ist. Natürlich sind nicht alle Katzen gleich. Das eine ist in diesem Alter bereit für ein neues Zuhause, ein anderes vielleicht erst mit fast vier Monaten.

Wenn der Teppich als Katzentoilette dient

Wenn eine Katze gelernt hat, die Katzentoilette zu benutzen, plötzlich aber anfängt, ihr Geschäft auf dem Teppich zu verrichten, muß es einen Grund dafür geben. Dieser Grund ist vielleicht nicht ohne weiteres ersichtlich, aber versuchen Sie, sich alle Möglichkeiten zu vergegenwärtigen – einen Umzug, veränderte Arbeitszeiten, ein neues Haustier oder das Verschwinden eines anderen, ein Futterwechsel, Sterilisation oder Kastration, Entfernung der Krallen, sogar die Gegenwart einer neuen Katze in der Nachbarschaft. Es ist sehr gut möglich, daß Ihre Katze auf eine derartige Veränderung damit reagiert, daß sie den Teppich verunreinigt.

Vielleicht uriniert dic Katze gelegentlich außerhalb der Katzentoilette, aber doch wenigstens nur auf einen Vorlegteppich oder eine Badematte. Das schlimmste Vergehen ist im allgemeinen, wenn sie für das «große Geschäft» den Spannteppich verwendet. Und eine Katze kann dabei höchst geschickt vorgehen! Wahrscheinlich sucht sie sich eine versteckte Stelle in einer Ecke oder hinter dem Sofa aus, und es kann Tage dauern, bis Ihnen die neuen Toilettengewohnheiten auffallen.

Sie müssen mit zwei Problemen zugleich fertig werden. Einmal müssen Sie die Katze dazu bringen, mit der neuen Gewohnheit aufzuhören, und zum andern müssen Sie den Fleck und Geruch aus dem Teppich entfernen.

Wenn Sie Glück haben und Ihren Liebling dabei erwischen, wie er den Teppich mißbraucht, können Sie in scharfem Ton «Nein!» sagen und die Katze entweder mit einem Sprühgerät für Blumen ansprühen oder einen Schlüsselbund oder eine Zeitung in ihre Richtung werfen. Wenn es Ihnen nicht gelingt, die Katze in flagranti zu erwischen, gibt es einige andere Dinge, die man bedenken sollte, bevor man sich an eine regelrechte Umerziehung macht.

Wo steht bei Ihnen die Katzentoilette? Wenn sie in der Nähe von Futterteller oder Wasserschüssel steht, hat die Katze es vielleicht satt bekommen, «auf der Toilette» zu fressen und versucht Ihnen dies verständlich zu machen. Oder das Kistchen steht zu sehr im Weg, so daß sich die Katze immer gestört fühlt. Versuchen Sie es damit, einen neuen Platz für die Katzentoilette zu finden.

Ist das Kistchen groß genug für Ihre Katze? Gerade Langhaarkatzen brauchen anscheinend mehr Platz als Kurzhaarkatzen. Manchmal ist das Problem gelöst, wenn man ihnen eine Babybadewanne anbietet. Vielleicht wird die Katze auch nur heikel und möchte zwei Kistchen – eines fürs kleine und eines fürs große Geschäft.

Es könnte auch sein, daß der Katze die Einstreu nicht mehr behagt. Manche Produkte enthalten soviel Lehm und Staub, daß sie unter Umständen Augen und Nasengänge der Katze reizen, wenn diese ihr Geschäft zudeckt. Ich verwende seit eh und je für alle meine Katzentoiletten Zeitungspapier und erziele damit ausgezeichnete Ergebnisse. Zusammengefaltete Zeitungen werden auf den Boden gelegt, und obenauf kommen in Streifen gerissene Zeitungen, mit denen die Katzen ihre Hinterlassenschaft zudekken können.

Katzenstreu, die chemisch gegen Geruch behandelt ist, kann ebenfalls abgelehnt werden. Entweder stört sie das Deodorant oder es verdeckt ihren eigenen Geruch so wirkungsvoll, daß das Kistchen nicht mehr den «richtigen» Geruch hat.

Gelegentlich besteht das Problem darin, daß das Kistchen nicht oft genug gesäubert und mit neuer Streu versehen wurde. Wenn man nur alles Feste herausnimmt, bleibt die Streu trotzdem feucht und riecht, so daß man es keiner Katze übelnehmen kann, wenn sie nicht gern auf feuchtem Sand oder in einem stinkenden Kistchen steht. Für mein eigenes Gefühl ist selbst der Urin, der innerhalb eines einzigen Tages anfällt, schon zuviel; wie mag es dann erst meinen Katzen gehen? Damit komme ich zu einem weiteren Vorteil von Zeitungspapier gegenüber herkömmlicher Katzenstreu: Da das verschmutzte Papier einfach weggeworfen, das Kistchen ausgewaschen und mit einer neuen Lage Zeitungspapier versehen wird, ist die Katzentoilette immer sauber und trocken, und im Haus riecht es nie «nach Katzen».

Das Kistchen muß sehr sorgfältig abgewaschen werden, denn was uns sauber erscheint, ist für den viel höher entwickelten Geruchssinn der Katze vielleicht noch immer mit Geruch behaftet. Außen- und Unterseite des Kistchens müssen immer mitgewaschen werden, weil sich dort häufig Geruch festsetzt.

Wenn Sie mehr als eine Katze haben, werden sie eines Tages nicht mehr dieselbe Katzentoilette benutzen wollen. Stellen Sie ihnen zwei zur Verfügung und warten Sie ab, ob das hilft. Wenn Sie all die Vorschläge, von denen hier eben die Rede war, ohne Erfolg ausprobiert haben, bleibt Ihnen nichts anderes übrig, als Ihren Liebling von Grund auf umzuerziehen. Wenn Sie keinen Zwinger zur Verfügung haben, sperren Sie die Katze zusammen mit der Katzentoilette im Badezimmer ein. Nehmen Sie aber auf jeden Fall die Badematte heraus, denn selbst die wohlerzogenste Katze scheint nicht widerstehen zu können, kleine Matten und Teppiche für ihre Zwecke zu mißbrauchen! Ich kann meine Katzen nur davon abhalten, indem ich die Tür zum Badezimmer immer schließe. Läßt ein Gast einmal die Tür offen, sausen die Katzen hinein und benutzen die Badematte. Lassen Sie Ihre Katze solange im Badezimmer, bis sie das Kistchen benutzt hat. Dann lassen Sie sie wieder heraus, aber sobald sie sich erneut am

Teppich vergeht, schubsen Sie sie wieder hinein, bis sie wieder das Kistchen benutzt hat. Wenn Sie sie konsequent bei jedem Mißbrauch des Teppichs ins Badezimmer sperren, können Sie sie möglicherweise innerhalb einer Woche wieder vollständig an die Katzentoilette gewöhnen. Die Katze wird die zwangsweise Trennung von Ihnen als ebenso unangenehm empfinden wie Sie und bald merken, warum sie verbannt wird.

Dieses Einsperren und Umerziehen ist der einzig sichere Weg, eine Katze wieder an die Benutzung der Katzentoilette zu gewöhnen. Es nützt bei Katzen nichts, ihnen eine Abreibung zu verpassen oder die Nase in das falsch plazierte Häufchen zu tunken, wie man dies mit jungen Hunden tut. Diese Methoden sind bei Katzen reine Zeitvergeudung; das Einzige, was möglicherweise dabei herauskommt, ist eine neurotische Katze. Tips zur Entfernung von Flecken und Gerüchen aus dem Teppich sind in dem Kapitel über Fleckenentfernung (Seite 36ff.) enthalten.

Warum auch kastrierte und sterilisierte Katzen noch spritzen

Spritzt Ihre Katze, obwohl sie sterilisiert oder kastriert ist? Sie kann dazu rückwärts an eine Wand oder eine Tür herangehen, den Schwanz hochrecken und spritzen; sie kann sich aber auch einfach niederhocken und urinieren. Vielleicht kommt Ihnen eine der folgenden Situationen bekannt vor.

Der neun Jahre alte kastrierte Kater meiner Freundin Florence hat die Gewohnheit, auf Teppiche, Bettüberwürfe und den Wandschirm am Kamin zu urinieren.

Kathy hat einen dreijährigen Perserkater mit Siam-Abzeichen, einen Himalayan oder auch Perser Colourpoint, der jedesmal spritzt, wenn er draußen eine Katze sieht.

Die sterilisierte Burmakatze Sumiko wartet, bis ihre Besitzerin Christel die Möbel poliert, rast dann im Raum herum und spritzt auf all das blankpolierte Holz. Christel hat sie vom Tierarzt untersuchen lassen und es ohne Erfolg mit Hormonspritzen und -pillen versucht. Sie fragt sich nun, ob die Möbelpolitur etwas enthält, was Sumiko zum Spritzen veranlaßt.

Bettys neunjähriger Perserkater spritzt, seit er im Alter von einem Jahr kastriert wurde. Der Tierarzt konnte keine körperlichen Anomalien feststellen, und Spritzen und Arzneien zeigten keine Wirkung.

Edward hält seine vierzehn Jahre alte Perserkatze nachts im Keller und sagt, daß sie dort alles besprüht. Tagsüber, wenn sie oben im Haus frei herumläuft, spritzt sie überhaupt nicht. Er kann sich nicht erklären, warum sie nachts und unten im Keller spritzt.

Zwei Monate nachdem bei Charles' acht Jahre alter Perserkatze die Krallen entfernt wurden, fing sie an zu spritzen. Auch hier halfen weder Hormonspritzen noch -pillen, und Charles fragt sich, ob das Spritzen Ausdruck eines emotionellen Problems infolge der Krallenentfernung ist.

Die beiden sterilisierten Katzen von Jane benehmen sich in ihrem Schlafzimmer tadellos, spritzen aber auf alles, was im Schlafzimmer der Tochter steht, sowie auf die Taschen und Mäntel von Besuchern. Wenn Jane ein paar Tage abwesend ist, wird es noch schlimmer. Auch diese Katzen wurden vom Tierarzt untersucht und mit Hormonen behandelt, aber es nützte nichts.

Die Tatsache, daß die meisten dieser Katzen untersucht und hormonell behandelt wurden, erwähne ich nicht ohne Grund. Denn oft ist das Spritzen die Folge eines gestörten Hormonhaushaltes oder eines Blasenkatarrhs, und deshalb muß man eine Katze, die plötzlich zu spritzen anfängt, immer zuerst untersuchen lassen.

Wenn physische Gründe ausgeschlossen sind, können nur noch psychische oder emotionelle Gründe für das Verhalten verantwortlich sein. Zuerst einmal müssen Sie sich damit abfinden, daß es für eine sterilisierte oder kastrierte Katze durchaus normal sein kann, aus einem bestimmten Grund zu spritzen.

Kathys kastrierter Kater spritzt nur, wenn er draußen eine andere Katze sieht. Der Anblick einer anderen Katze auf seinem Gebiet ist für ihn eine Bedrohung; durch das Spritzen hinterläßt er eine Duftmarkierung, die den Eindringling verscheuchen soll.

Christels Problem mit ihrer Burmakatze ist verhältnismäßig einfach zu durchschauen. Katzen spritzen sehr oft auf ein neues Möbelstück, und sterilisierte Katzen bilden keine Ausnahme. Katzen fühlen sich wohler in einer Einrichtung, die ihren Geruch trägt, und deshalb bespritzen sie die Möbel mit ihrem Duft. Wenn Christel die Möbel poliert, entfernt sie genau genommen Sumikos Duft. Für Sumiko sind es dann neue Möbel, die sie wieder bespritzen muß, damit sie wieder ihren Duft tragen.

Auch für den Fall der vierzehnjährigen Perserkatze, die nachts in den Keller verbannt wird, gibt es eine einfache Erklärung. Es ist das klassische Verhalten einer Katze, die ihrem Besitzer mitteilen möchte, daß sie die Nacht nicht gern allein im Keller verbringt. Vermutlich verwirrt es sie, daß sie tagsüber frei im Haus herumlaufen darf und nachts allein im Keller eingeschlossen wird. Ich riet Edward, sie auch nachts oben im Haus zu lassen, und seinem Bericht zufolge hat sie seither nicht mehr gespritzt.

Ein klarer Fall von Ursache und Wirkung ist der kastrierte Kater, der zwei Monate nach der Entfernung der Krallen zu spritzen anfing. Wenn er acht Jahre lang nicht gespritzt hat und erst nach dem Entfernen der Krallen damit begann, könnte das leicht seine Art sein, dem Besitzer seine Bestürzung über den plötzlichen Verlust der Krallen mitzuteilen. Nur Zeit, Geduld und viel Liebe und Aufmerksamkeit können ihm dabei helfen, über diesen Verlust hinwegzukommen.

Janes Katzen, die nicht in ihrem Schlafzimmer, sondern nur in dem der Tochter und auf den Besitz von Besuchern spritzen, bezeugen damit ihre Anhänglichkeit an sie und ihre Eifersucht auf die Tochter und etwaige Besucher. Es kommt sehr oft vor, daß Katzen, die normalerweise nicht spritzen, damit anfangen, wenn die Besitzer sie längere Zeit alleinlassen müssen. Sie drücken so aus, daß sie ihre Familie vermissen.

Mein zwölfjähriger kastrierter Kater Shawn spritzt auf die Jacken und Brieftaschen aller Besucher, aber da ich diese Angewohnheit kenne, sorge ich einfach dafür, daß nichts davon in seiner Reichweite herumliegt.

Viele Zuchtkatzen, die in Zwingern oder Ausläufen gehalten werden, spritzen in ihre Wasserschüssel und auf ihr Futter, und das kommt auch bei im Haus gehaltenen kastrierten Katern vor. Wir finden die Angewohnheit eklig und können uns den Grund dafür nicht erklären. Es kommt gar nicht so selten vor, und man kann nichts dagegen machen, sondern höchstens hoffen, daß die Gewohnheit wieder vorbeigeht.

Das warme Wetter im Frühling oder im Frühherbst weckt in den meisten Katzen den Paarungsinstinkt. Ihre Schreie – und ihre Gerüche – sind kilometerweit wahrnehmbar. Auch wenn Sie nie etwas davon merken: Ihre Hauskatze hört und riecht es bestimmt! Im allgemeinen hören freilich kastrierte Katzen (bei denen die Hoden bzw. Eierstöcke entfernt wurden) einige Zeit nach der Operation mit dem Spritzen ganz auf, doch kann es auch später noch gelegentlich auftreten. Bei sterilisierten Katzen dagegen (bei denen lediglich die Samenstränge bzw. Eileiter unterbunden wurden), bleibt das Bedürfnis zu spritzen infolge des intakten Sexualempfindens ziemlich ungeschmälert.
Viele Leute einschließlich einiger Tierärzte glauben, daß ältere Deckkater auch dann noch spritzen, wenn sie im Alter kastriert werden. In allen hier geschilderten Fällen waren die Kater mit weniger als einem Jahr kastriert worden und hatten sich nie gepaart.

Teddy Einauge, mein Burmakater, war neun Jahre in der Zucht eingesetzt. Dann ließ ich ihn kastrieren, und er hat seither nicht einmal mehr gespritzt. Und nicht nur das: nicht einmal die Schreie rolliger Kätzinnen erregen heute sein Interesse. Vor der Kastration hatte er, was das Spritzen anging, an einen Tag und Nacht laufenden Rasensprenger erinnert. Es gibt in diesem Fall also keine bombensicheren Vorhersagen.

Wenn sich im normalen Tagesverlauf einer Katze etwas geändert hat (ein Umzug, eine neue Einrichtung, fremde Katzen in der Nachbarschaft), können wir schnell erkennen, warum eine Katze spritzt. In anderen Fällen sehen wir den Grund vielleicht nicht ein, aber wir dürfen sicher sein, daß die Katze einen Grund hat, und sei es nur der normale Drang, das eigene Gebiet und den eigenen Besitz zu markieren.

Die Entfernung von Flecken und Gerüchen aus Teppichen
Wenn eine Katze ihr Fressen oder einen Haarballen erbricht, bleicht die Magensäure darin buchstäblich die Farbe aus dem Teppich. Dasselbe gilt für die im Katzenurin enthaltene Säure. Landet das «große Geschäft» auf dem Teppich, wird aber schnell wieder entfernt, bleicht zwar im allgemeinen der Teppich nicht aus, dafür bleibt aber ein entsetzlicher Geruch zurück.

Zur Entfernung von Flecken und Gerüchen kann man eines oder alle der in Tierhandlungen und Drogerien erhältlichen Mittel verwenden. Hat man damit keinen Erfolg, hilft vielleicht eines der folgenden Mittel.

Ein altes Hausmittel ist eine Mischung aus weißem Essig und Wasser, aber viele Katzen finden den Essiggeruch attraktiv und urinieren erst recht an dieser Stelle.

Terry, Mutter von fünf Kindern und Züchterin von Shi-Tzu-Hunden und Perser Colourpoint-Katzen, bezeichnet sich selbst als eine der vermutlich größten Expertinnen der Welt auf dem Gebiet der Fleckenentfernung. Ihr Tip lautet, zuerst alle festen Substanzen zu entfernen und die Flüssigkeit mit Papiertüchern aufzusaugen. Dann mischt sie einen Liter denaturierten Alkohol mit einem Liter destilliertem Wasser und zwei Vierteln weißem Essig. Die Lösung füllt sie in eine Sprühflasche, sprüht den verschmutzten Bereich gründlich ein und läßt ihn trocknen. Wie sie sagt, verschwinden sowohl die Flecken als auch der Geruch.

Naida schwört auf Seven-Up, eine weiße Limonade, wenn es um Flecken von Erbrochenem geht. Sie weicht die Stelle damit ein und schrubbt sie mit einer alten Zahnbürste. Danach fährt sie mit einem in klares Wasser getauchten Schwamm darüber, und der Fleck ist verschwunden!

Martha hat eine Formel, die bei erbrochenen Haarballen wirkt, und die sie auf Woll- wie auch auf Kunstfaserteppichen mit neunundneunzigprozentigem Erfolg erprobt hat. Sie hat immer eine Flasche mit einem Liter kaltem Wasser und eineinhalb Teelöffeln Ammoniak zur Hand. Sie empfiehlt, nicht zuviel Ammoniak zu nehmen, damit die Mischung geruchlos bleibt. Wenn sie ihre Katze würgen sieht oder hört, spritzt sie schnell etwas von dem Ammoniak-Wasser auf das Erbrochene, wartet etwa fünfzehn Sekunden und reibt die Stelle dann mit einem Frottierhandtuch ab. Einmal fand sie die Überreste von Nieren, die die Katze heimlich unter einem Stuhl erbrochen hatte. Ihr erster Versuch, die Spuren zu beseitigen, waren nicht sehr erfolgreich, weil sie schon eingetrocknet waren, aber nachdem sie die Stelle etwa vierzehn Tage lang immer wieder eingesprüht hatte, verschwand der Fleck vollständig.

Ein weiterer Tip, der schon vielen Leuten gute Dienste geleistet hat, ist eine Paste aus Natriumbikarbonat (Natron) und Wasser. Man streicht die Paste auf die verschmutzte Stelle und läßt sie etwa zehn Minuten eintrocknen. Dann schrubbt man die Stelle mit einer Bürste und wäscht anschließend mit klarem Wasser nach. Das wirkt bei Flecken von Urin, Erbrochenem oder Kot.

Doch welche Methode Sie auch immer anwenden: den Geruch werden Sie kaum vollständig beseitigen können. Für menschliche Nasen mag zwar der Teppich wieder geruchsfrei sein; für Katzen mit ihrem empfindlichen Geruchssinn ist es jedoch leicht, den Geruch, der immer noch der Teppichunterlage oder dem Fußboden anhaftet, aufzuspüren. Und solange sie diesen Geruch wahrnimmt, ist die Wahrscheinlichkeit groß, daß sie den Teppich auch weiterhin als Katzentoilette benutzt.

Selbst wenn man den Teppich chemisch reinigen läßt, bleibt der Geruch erhalten, wenn nicht Unterlage und Fußboden ebenfalls gesäubert werden. Fragen Sie einen Profi, ob es eine Möglichkeit gibt, an die Bereiche unter dem Teppich heranzukommen. Wenn es häufig vorkommt, daß die Katzen auf den Teppich erbrechen, wäre es wohl das Beste, statt eines Spannteppichs einen Parkettfußboden oder Fliesen einzubauen. Man kann auch das verschmutzte Stück aus dem Spannteppich herausschneiden und den Rest als losen Teppich verwenden oder das fehlende Stück mit einem anderen losen Teppich überdecken.

Vielleicht gelingt es Ihnen, Flecken und Geruch aus dem Teppichboden zu entfernen, doch kein Wundermittel der Welt bringt die Farbe in den Teppich zurück, falls sie bereits ausgebleicht ist.

Ich habe festgestellt, daß etwas Kölnisch Wasser oder Parfüm, auf den Teppich gesprüht, etwaige Restspuren von Gerüchen nach der Säuberung recht gut überdeckt. Der gleiche Parfümtrick hilft auch als Vorbeugung, wenn eine Katze gelegentlich den Bettüberwurf naß macht. Die meisten Katzen lieben den Duft von Parfüm und lecken an den duftenden Stellen – und Katzen verschmutzen normalerweise nicht die Stelle, an der sie gern lecken.

Parfüm ist aber auch nicht ganz ungefährlich. In kleinen Mengen schadet es Katzen nicht, doch kann es im Übermaß giftig wirken. Eine Freundin erlebte fast eine Tragödie, als sie eine Flasche Parfüm am Waschbecken stehen ließ, die die Katze dann herunterstieß. Die Flasche zerbrach, und die Katze wälzte sich in dem Parfüm, bis sie völlig durchtränkt war. Haare und Haut hatten soviel Parfüm aufgenommen, daß nur die sofortige Fahrt zum Tierarzt ihr das Leben rettete. Aus reiner Vorsicht ist es überhaupt empfehlenswert, keinerlei Glasflaschen, gleich welchen Inhalts, in Reichweite einer Katze stehenzulassen.

Wenn die Katze an den Möbeln kratzt

Hat Ihre Katze einen Lieblingsstuhl oder eine Lieblingscouch, an der sie mit Vorliebe ihre Krallen wetzt, obwohl ein herrlicher Kratzpfosten gleich nebenan steht? Vermutlich tut sie es nicht, wenn Sie in der Nähe sind; um so schwieriger ist es, sie davon abzuhalten. Es gibt zwei Möglichkeiten: entweder kauft man andere Möbel oder andere Bezugsstoffe.

Wanda ist Besitzerin von vier dickköpfigen Katzen. Nichts konnte sie davon abhalten, an den Möbeln zu kratzen, aber Wanda entdeckte schließlich einen Überwurf aus schwerem Popeline, der den Katzen gewachsen ist. Ihre Krallen können ihn einfach nicht zerreißen. Wandas Erfahrungen nach ist Popeline katzensicher.

Henry empfiehlt ein Gewebe namens Herculon. Ein Möbelhändler hatte ihm dessen fabelhafte Eigenschaften dadurch demonstriert, daß er in einen Möbelbezug aus Herculon ein Messer hineinstieß und es wieder herauszog, ohne daß irgend etwas zu sehen gewesen wäre. Henry ließ seine Möbel damit beziehen, und obwohl die Katzen weiterhin die Krallen daran wetzen, ist ihnen keine Beschädigung anzumerken.

Carole kämpfte zehn Jahre lang mit diesem Problem, bis sie sich ein Sofa und Stühle «im Lederlook» kaufte, die mit Vinyl bezogen waren. Sie berichtet, daß ihre beiden Übeltäter zwar zuerst daran zu kratzen versuchten, das Interesse jedoch bald verloren, als sie ihre Krallen zwar hineinstoßen, es aber nicht zerreißen konnten. Nach zwei Jahren sehen die Möbel immer noch gut aus.

Betty stellte sich auf Möbel im skandinavischen Stil um, mit viel Holz und losen Kissen. Die Kissen sind mit einem festen Baumwollstoff bezogen und rutschen weg, wenn die Katzen daran zu kratzen versuchen. Sie gaben es bald auf und kehrten zum Kratzpfosten zurück.

Auch bei Joan hatten Holzmöbel mit losen Kissen Erfolg. Sie hat noch einen zusätzlichen Tip, wie man Sprungfedermatratzen schützt. Sie steckte ihre in einen Plastiküberzug, als sie merkte, daß die Katzen an einer Ecke zu kratzen begannen.

Meine Katzen fingen an, unter die Matratzen zu kriechen und von unten die Füllung herauszureißen. Ich ließ mir eine große Sperrholzplatte machen, legte diese auf das Bettgestell und darauf die Sprungfedermatratze, und das Problem war gelöst.

Jahrelang kam ich von der Arbeit nach Hause und entdeckte wieder neu beschädigte Ecken an meiner Couch. Schließlich ging ich ganz und gar zu Naugahyde als Bezugsstoff für Couch und Stühle über, und sie sehen heute noch genau so gut aus wie damals, als ich sie kaufte.

Als Abschreckungsmittel kann man versuchen, eine Orangenschale dort anzubringen, wo die Katze kratzt. Dieses Mittel entdeckte Angelina eines Tages durch Zufall, als sie ihre Katzen streicheln wollte, nachdem sie gerade Orangen ausgepreßt hatte. Alle Katzen scheuten vor dem Geruch der Orangenschalen an ihren Händen zurück. Stecken Sie immer wieder eine frische Schale an die Stelle, wenn die alte austrocknet. Die Katzen werden die Stelle bald vollständig meiden, so daß Sie die Schalen wieder entfernen können.

Von aufgeblasenen Luftballons als Abschreckungsmittel habe ich ebenfalls gehört. Katzen sollen die sachte schaukelnden Ballons unsympathisch finden, weil diese mit lautem Knall zerplatzen, wenn sie daran kratzen. Empfehlen kann ich die Methode trotzdem nicht, weil immer die Gefahr besteht, daß der Katze beim Zerplatzen des Ballons ein Stück Gummi oder Schnur ins Gesicht fliegt und sie am Auge verletzt. Viele Katzen würden womöglich auch die kleinen Stückchen zerrissenes Gummi auffressen, was ihrer Verdauung nicht gerade zuträglich wäre.

Der Abschnitt über Kratzpfosten enthält einige Tips, die vielleicht dazu angetan sind, die Vorliebe Ihrer Katze von den Möbeln weg auf den Kratzpfosten zu lenken.

Wenn die Katze an den Vorhängen schaukelt

Zugegeben: Es gibt nichts, was eine wirklich entschlossene Katze davon abhalten könnte, die Vorhänge hochzuklettern. Man kann sie aus einer Wasserpistole oder Sprühflasche mit Wasser besprühen, wenn man sie in flagranti ertappt, aber sie wird bald lernen, diese Aktivitäten auf die Zeit zu beschränken, wenn Sie nicht zu Hause sind oder schlafen.

Die Alternative besteht darin, einen Vorhangstoff zu nehmen, der für Katzen nicht attraktiv ist. Ich habe durch puren Zufall einen ausgezeichneten Stoff gefunden.

Als vor einigen Jahren erstmals von Energiekrise die Rede war, entschloß ich mich, zu Vorhängen mit einer isolierenden Rückseite überzugehen. Fest zugezogen halten sie die Wärme im Raum und schützen sowohl gegen Kälte als auch gegen Hitze von draußen. Danach zog ich einige Würfe Katzen groß, bis ich merkte, daß keines der Kätzchen versuchte, an diesen Vorhängen Tarzan zu spielen. Nach einigen Jahren kann ich nun berichten, daß kein einziger Vorhang im ganzen Haus einen Riß aufweist.

Lange habe ich mir über den Grund dafür den Kopf zerbrochen, denn normalerweise ist ein im Winde wehender Vorhang einfach unwiderstehlich für junge (und viele ältere!) Katzen. Schließlich kam ich dahinter, daß die Isolierbeschichtung den Stoff so undurchdringlich macht, daß die Krallen daran keinen Halt finden. Ich beobachtete, wie jedes einmal einen Versuch machte, wie die Krallen vom Stoff abglitten und das Kätzchen sich jeweils trollte und anderwärts nach einer Gelegenheit für Unfug suchte.

Wenn Sie also Energie sparen oder die einst so wundervollen, heute aber in Fetzen hängenden Vorhänge ersetzen wollen, denken Sie vielleicht an isolierbeschichtete Vorhänge, die jahrelang wie neu aussehen werden.

Wie man einer Katze beibringt, von den Möbeln und vom Herd fernzubleiben

Im Abschnitt über das Kratzen an Möbeln war von Orangenschalen die Rede, die man dort befestigt, wo die Katzen mit Vorliebe kratzen. Der Geruch frischer Orangenschalen wirkt auf die meisten Katzen abschreckend, so daß sie die Möbel in Ruhe lassen.

Besprüht man sie aus einer Wasserpistole oder Siphonflasche mit Wasser, werden sie davon abgehalten, die Möbel als Kratzpfosten zu mißbrauchen. Vielleicht hilft es auch, einen Schlüsselbund oder eine zusammengerollte Zeitung neben ihnen auf den Boden zu werfen, wenn man sie auf frischer Tat ertappt.

Wenn Ihre Katze mit Vorliebe auf dem Herd schläft, möchten Sie ihr diese Gewohnheit vielleicht gern austreiben, weil lose Katzenhaare mit der Zeit die Brenner verstopfen. Außerdem könnte die Katze einschlafen, während daneben ein Brenner in Betrieb ist. Meine Katzen scheinen nicht zu merken, wenn ihr Schwanz brennt, und erst wenn ich versengtes Haar rieche, stellt sich heraus, daß ihr Schwanz in Flammen steht!

Wenn ich zu Hause bin, sage ich einfach «Nein!», wedle mit den Armen und scheuche sie herunter. Bin ich aber nicht da, vermag ich sie nicht daran zu hindern, wieder hinaufzuspringen. Kürzlich hörte ich von einem Vorschlag, der zuerst etwas umständlich und arbeitsintensiv klingt, mit dem sich indes so gute Ergebnisse erzielen lassen, daß Sie ihn vielleicht doch ausprobieren. Katzen hassen klebrige Füße; man streicht deshalb die Oberfläche des Herdes mit Sirup oder Honig ein. Natürlich werden sie eine Küche voller klebriger Pfotenabdrücke vorfinden, wenn Sie nach Hause kommen, aber wenn Sie standhaft bleiben und den Vorgang trotz der damit verbundenen Putzarbeit einige Tage wiederholen, haben Sie alle Aussicht, daß Ihre Katze es aufgibt, den Herd oder Kühlschrank als Schlafplatz zu benutzen.

Haben Sie einen Elektroherd, bei dem die Knöpfe zum An- und Abschalten auf gleicher Höhe mit der Oberfläche liegen, besteht die Gefahr, daß die Katze beim Darübergehen eine Platte einschaltet. Dies läßt sich verhindern, wenn man leere Blechbüchsen, zum Beispiel von Katzenfutter, darüberstülpt. Sie können nicht verrutschen, und so ist es unmöglich, daß die Katze aus Versehen den Herd einschaltet.

Wenn Katzen Wolle fressen

Eine Katze, die Wolle frißt, kann unglaublich umfangreichen und unglaublich kostspieligen Schaden anrichten. Diese recht bedenkliche Untugend stellt sich nicht selten bei reiner Dosenfütterung ein, das heißt, wenn es der Katze an Ballaststoffen mangelt.

Beschäftigt man sich mit diesen Wollfressern genauer, stellt man fest, daß es sich sehr oft um Siamesen oder um Katzen mit teilweise siamesischer Abstammung handelt. Solche Katzen sind im allgemeinen etwas nervöser als andere und scheinen ihren Saug- und Kautrieb länger zu behalten. Und dieser beschränkt sich durchaus nicht nur auf Wolle! Genauso gern fressen sie sich durch Baumwolle, Leinen und Frotteetücher. Heutzutage enthalten ja die wenigsten Pullover, Decken oder Socken noch Wolle, und trotzdem fressen manche Katzen große Löcher hinein und schlucken erhebliche Mengen des größtenteils synthetischen Materials hinunter. Uns macht der Schaden zu schaffen, den sie unseren Pullovern oder Decken zufügen, aber der Schaden, den das Verschlucken von Wolle oder anderen Materialien der Katze selbst zufügen kann, ist noch wesentlich größer. Viele Katzen, bei denen die Eingeweide vom verschluckten Material blockiert waren, konnten nur durch einen chirurgischen Eingriff gerettet werden. Andere hatten nicht so viel Glück und starben, bevor man ihnen helfen konnte.

Außer daß man sämtliche Textilien aus ihrer Reichweite hält, bis sich die Gewohnheit verloren hat, gibt es zwei Möglichkeiten gegen das Wollefressen. Erstens sollte man ganz allmählich auf ballastreichere (= kohlenhydratreichere) Kost umstellen und folglich mehr Reis, Gemüse, Haferflocken usw. für die Katze kochen. Zweitens kann man ihr wöchentlich ein- bis zweimal Catringmalt geben, sofern sie weiterhin Wolle kaut und die Gefahr einer Blockierung der Eingeweide besteht.

Wenn Katzen auf dem eigenen Schwanz herumbeißen

Selbstverstümmelung in Form von Schwanzbeißen oder Pfotensaugen kommt bei jungen Siamkatzen oder solchen mit teilweise siamesischer Abstammung gar nicht so selten vor. Vielleicht sind sie nervöser als andere Katzen und kauen deshalb an ihrem Schwanz, wie nervöse Kinder am Daumen lutschen oder sich die Nägel abbeißen. Die Forschungen zu diesem Thema sind noch nicht abgeschlossen, aber nichts weist bisher darauf hin, daß der Grund dafür in irgendeinem Mangel der Ernährung zu suchen ist. Auch mit der Zeit, die die jungen Katzen bei der Mutter verbringen dürfen, hat sich keinerlei Zusammenhang ergeben.

Bestimmte siamesische Blutlinien können überdurchschnittlich nervöse Katzen hervorbringen. Mir fällt dabei Color Me Blue ein, ein Siamkater, der in meinem eigenen Schlafzimmer geboren wurde und aufwuchs und der bei seiner Mutter bleiben durfte, bis er erwachsen war. Obwohl er unter lauter Katzen von anderen Müttern aufwuchs, die nicht auf ihrem Schwanz herumkauten, und obwohl er von mir geliebt und verwöhnt wurde, biß er wie besessen an seinem Schwanz herum. Ich stellte Nachforschungen an und erfuhr, daß sein Onkel (der woanders lebte) die Gewohnheit hatte, sich in einer Ecke an die Wand zu lehnen und an einer Hinterpfote zu saugen! Und dann brachte ich heraus, daß seine Tante (eine bildschöne Ausstellungskatze) eine derartig schlimme Schwanzbeißerin war, daß eines Tages die ganze Schwanzspitze daran glauben mußte!

Auch bei den Menschen sind – wie gesagt – die einen nervöser als die anderen, und viele kauen an den Nägeln oder sind Kettenraucher. Ich glaube, man kann diese Leute mit den Abkömmlingen bestimmter siamesischer Blutlinien vergleichen, die, aus welchem Grund auch immer, mit einer ausgeprägten Neurose behaftet sind, die sich darin ausdrückt, daß sie am eigenen Körper saugen oder nagen. Meiner Ansicht nach ist die Veranlagung dieser Art Unruhe und Nervosität bei Siamkatzen in manchen Familien erblich. Das ist vergleichbar mit einem kleinen Kind, das erst am Daumen lutscht und sich dann zum Nägelkauen steigert.

Ein Heilmittel dagegen gibt es nicht, doch kann man verhindern, daß die Katze sich selbst ernsthaften Schaden zufügt, indem man die bevorzugten Stellen mit Senföl oder Bitter Apple, das auch hierzulande erhältlich ist, bestreicht. Beides ist nicht schädlich, schmeckt aber so scheußlich, daß die Katze aufhört zu kauen.

Zwar sind allgemeingültige Feststellungen bei Katzen ein Ding der Unmöglichkeit (weil es immer eine Ausnahme zu jeder Regel geben wird), aber es hat sich doch gezeigt, daß sich bei den meisten Katzen die Gewohnheit wieder gibt, wenn sie erwachsen sind. Allerdings habe ich eine Ausnahme von dieser Regel im eigenen Haus: Luv fing erst mit etwa vier Jahren an, auf ihrem Schwanz herumzubeißen. Äußerlich scheint sie die ausgeglichenste von all meinen Siamesen zu sein, aber sie sitzt da und nuckelt an ihrem Schwanz, bis er tropfnaß ist. Wenn ich den Schwanz mit Bitter Apple einstreiche, hört sie ein paar Wochen damit auf. Das Mittel hilft unfehlbar.

Wenn Katzen an Gegenständen kauen

Außer den Katzen, die am eigenen Körper herumbeißen, gibt es auch solche, die gern an irgendwelchen Gegenständen herumnagen. Das ist meistens nicht weiter schädlich, nur wenn sie dabei an Elektroleitungen geraten, kann es gefährlich (unter Umständen sogar tödlich) werden. Einmal hatte ich eine Katze mit dem bezeichnenden Namen Bad Little Girl, die die Schnur der elektrischen Schreibmaschine durchbiß. Es gab einen Kurzschluß, und sie verbrannte sich Maul und Gaumen. Sie wurde sofort vom Tierarzt behandelt, aber die Stellen wurden brandig und die Katze ging ein.

Damit sich nicht noch einmal solch eine Tragödie ereignen konnte, bestrich ich alle Elektroleitungen, an die die Katzen herankamen, mit Bitter Apple (natürlich nachdem ich sie vorher aus der Steckdose gezogen hatte!). Sogar Sunday, für die es nichts Schöneres gibt als Elektroleitungen, leckte nur ein einziges Mal daran und gab es ein für allemal auf.

Wahrscheinlich ist der Geschmack längst vergangen, aber anscheinend erinnern sich die Nager unter meinen Katzen noch sehr gut daran, wie scheußlich es schmeckte, und machen einen weiten Bogen darum. Katzen tun zwar manches, was uns dumm erscheint, in Wirklichkeit sind sie aber sehr klug und haben ein hervorragendes Gedächtnis.

Neid und Streit

Judith sagt, daß ihre beiden kastrierten Kater, die sich normalerweise sehr zugetan sind, sich ganz anders verhalten, sobald sie sie mit nach draußen nimmt und sie von einem Hund angebellt werden. Im selben Augenblick gehen die beiden aufeinander los, und zwar nicht etwa im Spiel, sondern in tödlichem Ernst. Wenn sie sie dann zu Hause eine Viertelstunde getrennt hält, benehmen sie sich wieder, als sei nichts vorgefallen. Was Judith beschreibt, ist eine ganz normale Reaktion auf das Erscheinen eines Dritten oder ein lautes Geräusch. Oft schon habe ich abends gemütlich beim Kamin gesessen und ein paar Katzen auf dem Schoß gehabt, die sich friedlich gegenseitig putzten, bis Schritte vor der Haustür meine Hündin Jenny aufweckten und sie laut bellend zur Tür stürzte. Sofort springen die Katzen wie die Sektkorken in die Luft, fauchen und spucken und stürzen sich wie die Wilden auf dieselben Katzen, die sie einen Augenblick zuvor noch liebevoll abgeleckt haben!

Ein andermal waren nur eine Katzenmutter, ihre zehn Wochen alten Jungen und eine sterilisierte Schwester der Katzenmutter im Raum, alle zärtlich miteinander und ineinander gekuschelt, und dann brauchte nur das Telefon zu läuten, und die beiden großen Katzen sprangen auf und fielen übereinander her. Das geschah mehr als einmal, und manchmal wurde es so schlimm, daß ich eine Decke über eine von beiden werfen mußte, um sie zu trennen. Wenn sie sich beruhigt haben, liegen sie wieder beieinander und lecken sich gegenseitig ab.

Es kommt auch vor, daß mein kastrierter Russisch-Blau-Kurzhaar-Kater Shawn ein bißchen Selbstbestätigung braucht und einen Streit mit einem anderen Kater vom Zaun bricht. Beim ersten Ton wachen alle Kätzinnen prompt auf und gehen auf die nächste Katze los, die ihnen vor Augen kommt. Shawn und sein Gegner stehen dann da und sehen sich verdutzt das Durcheinander an, das sie angerichtet haben.

Meiner Ansicht nach reagieren Katzen instinktiv auf jede Bedrohung, sei sie nun wirklich oder nur eingebildet. Uns mögen unsere Katzen noch so domestiziert vorkommen – einige Dinge lassen sich einfach nicht ändern, und eines davon ist der instinktive Reflex, auf Aufregung oder Bedrohung damit zu reagieren, daß sie auf das losgehen, was am nächsten ist.

Ich werde nie vergessen, wie meine gutmütige Zuchtkatze Kihara beim Tierarzt das Schloß ihrer Tragtasche aufbrach. Sie hörte das ängstliche Fiepen ihrer Jungen, die vom Tierarzt geimpft wurden, sprengte die Tragtasche und warf sich auf den Tierarzt. Versuchen Sie nie, Ihre Katze aufzunehmen, wenn sie außer sich ist, und gehen Sie nie von hinten an sie heran. Es kann sonst passieren, daß sie herumfährt und Ihnen die Zähne in die Hand schlägt, weil sie Sie für den «Feind» hält, der sie in Angst und Schrecken versetzte.

Lucy schrieb mir von ihrer sanften Katze Juicer, die im ganzen Leben noch nie gegen irgend jemand die Pfote erhoben hatte. Eines Tages geriet Juicer mit einer anderen Katze in Streit, und Lucy mischte sich prompt ein, schrie die Katzen an und versuchte, Juicer aufzunehmen. Sie war entsetzt, als Juicer auf sie losging und ihr böse die Beine zerkratzte. Die arme Juicer hatte die eigene Herrin in der Hitze des Gefechtes für einen Eindringling gehalten, den man angreifen mußte.

Wir müssen daran denken, daß in einem solchen Fall alle Sinne und Instinkte der Katze auf Kampf eingestellt sind. Ein lauter Schrei unsererseits oder ein Bein oder Arm, der plötzlich vor einer kämpfenden Katze auftaucht, löst nur einen Angriff aus. Solange sie derartig außer sich vor Wut sind, erkennen sie nicht einmal den eigenen Besitzer.

Einen Kampf im Freien beendet man am schnellsten dadurch, daß man den Gartenschlauch andreht und die Streithähne gründlich abduscht. Sie halten dann einen Augenblick inne, und die vorübergehende Verblüffung kann man ausnützen und die Katze leise beim Namen rufen. Nehmen Sie sie nie auf, bevor Sie nicht ganz sicher sind, daß sie sich beruhigt hat. Und packen Sie sie nie von hinten. Sie muß Ihre Hand sehen können, sonst glaubt sie, daß der böse Feind nach ihr greift.

Innerhalb des Hauses benütze ich am liebsten etwas, das immer und überall zur Hand ist – einen Besen mit einem langen Stiel, so daß ich in sicherem Abstand bleiben kann. Ich schiebe einfach das Borstenende zwischen die Streithähne, manchmal bekommt dann der Besen noch ein paar Hiebe ab, bevor sie merken, daß es keine Katze mehr ist. Auf jeden Fall entsteht eine Unterbrechung, während der es einem meistens gelingt, einen der beiden Kämpfer auf sich aufmerksam zu machen. Denken Sie auch hier wieder daran, leise zu sprechen und Ihre Hand sichtbar auf die Katze zuzubewegen. Dann packen Sie sie und sperren sie in einen anderen Raum, bis sie vergessen hat, was sie so in Wut brachte. Sehr oft endet ein Kampf auf Leben und Tod damit, daß die beiden wilden Kämpfer ein paar Stunden später Seite an Seite einschlafen.

Ich werfe nicht gern einen Teppich oder eine Decke über kämpfende Katzen, weil man oft beide trifft und sie dann in dem engen Gefängnis nur um so heftiger übereinander herfallen.

Wenn sich die Katzen getrennt haben, so daß man mit Sicherheit nur eine außer Gefecht setzt, ist es eine gute Methode, eine Decke darüber zu werfen.

Denken Sie daran, daß es normal ist, wenn Katzen gelegentlich streiten; wenn Sie sich langsam bewegen, leise sprechen und sich an die bereits erwähnten Vorsichtsmaßnahmen halten, werden sie mit jedem Katzenkampf fertig und sind auch noch in der Lage, davon zu berichten.

Es kommt auch vor, daß eine Katze eine andere trotz allen Schimpfens oder Schmeichelns nicht ausstehen kann. Mrs. Kattermann schreibt, daß ihre Perserkatze ihre eine erwachsene Tochter heiß und innig liebt und die andere haßt wie die Pest. Sie sucht sie im ganzen Haus, und wenn sie ihr Opfer gefunden hat, schleicht sie sich an und überfällt sie plötzlich. Jedesmal bleibt die Tochter verletzt und sehr erschüttert zurück. Das geht schon seit zwei Jahren so. Die einzige Lösung ist, entweder die Mutterkatze oder die verhaßte Tochter in einen Raum einzusperren.

So etwas nenne ich das Herr-im-Haus-Syndrom. Meine süße Burmesin schlägt ihrer zweijährigen Tochter schreckliche Wunden und ist allen anderen Katzen die liebevollste Großmutter. Page Girl sucht Baby, die Tochter, im ganzen Haus und wirft sich wie eine Wilde auf sie, sobald sie sie gefunden hat, selbst wenn Baby schläft. Schimpfen nützt nichts, also packe ich sie jedesmal und sperre sie in einen Käfig, in der (bis jetzt vergeblichen) Hoffnung, daß sie damit aufhört, wenn ich sie immer wieder einsperre. Page liebt alle Kätzchen, alle Kater und sterilisierten Katzen, greift aber alle jungen Kätzinnen an, sobald sie geschlechtsreif werden, und davon läßt sie sich weder im Guten noch im Bösen abbringen.

Es ist bei zuchtfähigen Weibchen normal, daß die jeweils älteste die jüngeren angreift, weil sie eine Bedrohung ihrer Führerrolle darstellen. Es ist auch normal, daß eine Katze sofort eine Antipathie gegen einen Neuankömmling entwickelt und ihn durch einen Angriff zu vertreiben sucht. Wir mögen auch nicht alle Leute, die uns begegnen, und so geht es Katzen eben auch. Wir können sie nicht zwingen, andere Katzen zu akzeptieren. Die einzige Lösung besteht darin, sie in getrennten Räumen zu halten oder für eine von beiden ein neues Zuhause zu finden. Wenn Katzen sich erst einmal hassen, ändert sich das nicht mehr, und die Wunden und inneren Abszesse aus den täglichen Zweikämpfen sind nicht nur gefährlich, sondern manchmal sogar tödlich.

Wenn eine Katze Mäuse oder Abfall nach Hause bringt

Sie sitzen gerade bei Ihrer ersten Tasse Kaffee am Morgen; plötzlich stupst Sie Ihre Katze am Bein. Sie schauen hinunter und sehen eine tote Maus neben Ihrem Fuß. Igitt! Höchst natürlich, daß Sie voller Abscheu zurückschrecken oder sogar böse auf Ihre Katze sind. Vielleicht macht es Ihnen die Dinge leichter, wenn Sie den Grund für dieses Verhalten kennen.

Katzen, die hinausdürfen, entwickeln unweigerlich einige ihrer wilderen Instinkte. In Freiheit ist es für Kater und Kätzin natürlich, kleinere Tiere als Beitrag zum Fressen nach Hause (zu ihrer Familie) zu bringen. In diesem Fall sind Sie die «Familie», und die Katze tut nur, was die Natur ihr sagt – sie fängt sich ein Frühstück und bringt es heim, um es mit Ihnen zu teilen.

In Wohngebieten sind Mäuse vielleicht so selten, daß die Katze die Mülleimer durchsucht und statt einer Maus ein Stück verdorbenes Fleisch oder trockenes Brot nach Hause bringt – aus dem gleichen Grund.

Völlig normale Instinkte kann man nicht einfach abstellen; was also ist zu tun, wenn man die unwillkommenen Geschenke vorfindet? Loben Sie die Katze und werfen Sie das «Geschenk» dann weg. Wenn Sie die Maus oder die anderen Beiträge zur Haustafel nicht mehr vor Augen haben, sind Sie selbst auch wieder ruhiger, und die Katze ist zufrieden, weil sie das Gefühl hat, ihr Teil zum Unterhalt der Familie beigetragen zu haben.

Wenn Katzen Pflanzen fressen

Die folgende Liste enthält Pflanzen, die für Katzen giftig – manchmal sogar tödlich – oder sonstwie gefährlich sind. Denken Sie aber bitte daran, daß möglicherweise auch nicht aufgeführte Pflanzen Schaden anrichten können, weil Katzen so verschieden sind. Die einen sind allergisch gegen bestimmte Dinge und die anderen nicht. Die Liste nennt auch Pflanzen, die in Europa nicht vorkommen; das kann bei Überseereisen nützlich sein.

Ackerveilchen
Alpenveilchen
Amaryllis
Anemonen
Anthurie
Arnika
Aronstab
Asthmakraut

Bärenfuß
Bittersüß
Buchsbaum

Calla
Christusdorn
Christrose
Chrysanthemen
Clematis

Daphne
Dieffenbachia

Edelweiß
Efeu
Eibe
Eisen- oder Sturmhut
Enzian (gelber)
Euphorbie

Farne
Feldstiefmütterchen
Feuerlilie
Fingerhut
Fliegenpilz
Frauenschuh

Geranie
Giftsumach
Ginster
Glyziniensamen
Goldregen

Hahnenfuß
Herbstzeitlose
Hortensie
Hyazinthe

Iris

Jungfernherzstaude

Kakteen
Kaladien
Kalmie
Kartoffelpflanzen
Kastanie
Kermesbeere
Knollenblätterpilz
Krokus

Lacksumach
Leberblümchen
Lilie
Lorbeer
Löwenzahn
Lupine

Märzenbecher
Maiglöckchen
Mistel
Mönchshaube

Nachtschattengewächse
Nadelbäume (nicht alle)
Narzisse
Nelke
Nieswurz

Oleander
Orchidee
Osterglocke

Philodendron
Primel
Prunkwinde

Rhododendron
Rittersporn
Rizinus

Schierling
Schlüsselblume
Schneeglöckchen
Scilla
Seidelbast
Spindelbaum
Stechapfel
Stechpalme
Stephanskraut

Tabak
Taxus

Tomatenpflanzen
Trollblume
Tulpe

Usambaraveilchen

Vogelkirsche
Vogelknöterich

Wandelröschen
Weihnachtsstern
Weißdorn
Wolfsmilcharten
Wunderblume

Zwiebelgewächse
Zypresse

Denken Sie außerdem daran, daß viele «ungefährliche» Düngemittel für Pflanzen in Verbindung mit Wasser giftig werden können, wenn sie in den Körper gelangen. Es kann schon zu Vergiftungen führen, wenn eine Katze mit chemischem Dünger versetztes Wasser von den Blättern leckt, nicht ganz versickertes Wasser schlabbert oder einen großen Blumentopf als Katzentoilette benützt und sich anschließend die Erde von den Pfoten leckt.

Wenn das entmutigend für alle klingt, die sowohl Pflanzen als auch Haustiere lieben, habe ich noch ein paar Vorschläge, die vielleicht hilfreich sind.

Am einfachsten wäre es, die Pflanzen in geschlossenen Terrarien oder in Hängekörben zu halten, so daß die Katzen nicht herankommen.

Von einer Dame weiß ich, daß sie ungefähr hundertzwanzig verschiedene Pflanzen und acht Katzen hat, die sich miteinander vertragen. Lynn sagt, daß ihre Katzen zwar Zimmerpalmen, Zypressen und Farne mögen, Sukkulenten aber in Ruhe lassen. Ihr Rat lautet, viele Pflanzen dicht zusammen an eine Stelle zu pflanzen; bei Pflanzen in großen Töpfen, in denen die Erde zum Umgraben einlädt, muß die Erde gut mit großen Steinen versetzt werden, damit sie nicht als Katzentoilette zweckentfremdet wird.

Diane und Mildred haben gute Erfahrungen mit Gras in einer Schale gemacht. Die Katzen fressen das Gras und lassen die anderen Pflanzen in Ruhe. Anne hat für ihre Katze in der Waschküche einen eigenen Garten angelegt. Sie sät Hafer aus einer Futtermittelhandlung in eine flache Schale; die Pflanzen werden innerhalb einer Woche «erntereif», so daß sie sie immer wieder frisch ansät, wenn die Katze die Schale leergefressen hat.

Auch Mrs. Dodge pflanzt Hafer an und verriet mir folgendes Rezept: Sie füllt einen Topf bis etwa fünf Zentimeter unter den Rand mit Erde, legt erstklassigen Hafer darauf und bedeckt ihn mit etwa einem Zentimeter Erde. Sie wässert die Erde gut durch und stellt den Topf in die Sonne. Die Körner keimen in ein bis fünf Tagen, und nach sieben Tagen sind sie zwei bis fünf Zentimeter hoch. Nach einer Woche bereitet sie einen neuen Topf vor, so daß ihre Katzen immer frisches Grünzeug haben.

Sowohl Mrs. Dodge als auch eine Tierarzthelferin sprachen davon, Mottenkugeln um Pflanzen herumzustreuen, um Katzen fernzuhalten. Das ist falsch. Mottenkugeln oder Ähnliches dürfen nie herumliegen, wo Katzen sie erreichen können, weil das enthaltene Naphthalin giftig, manchmal sogar tödlich für Katzen ist.

Ein besonders origineller Rat kam von Mrs. Watt, die ihren unbenutzten Kamin in einen attraktiven kleinen Garten verwandelt hat; ein grobmaschiges Gitter schützt so besonders schmackhafte Pflanzen wie Farne und Begonien. Eine künstliche Pflanzensonne erhellt den ursprünglich dunklen Platz, so daß der Garten das ganze Jahr über gedeiht. Ihre beiden Katzen können die Wärme der Kunstsonne genießen, ohne daß die Pflanzen ihnen und sie den Pflanzen schaden können.

4 Die Pflege von Fell, Augen, Ohren und Krallen

Das Krallenschneiden

Auch wenn den Katzen ein Kratzpfosten zur Verfügung steht, müssen die Krallen ungefähr alle zwei Wochen geschnitten werden. Tierhandlungen bieten alle möglichen Krallenschneider an, aber ich muß gestehen, daß ich noch nie einen gefunden habe, der mir zugesagt hätte. Ich kann noch so vorsichtig sein – die Löcher in den Schneideflächen sind zu groß, so daß ich immer zuviel abschneide und den Katzen wehtue.

Anfang der sechziger Jahre zeigte mir ein Züchter einen Krallenschneider, dem ich seither treu geblieben bin und mit dem ich selbst vier Wochen alten Kätzchen gefahrlos die Krallen stutzen kann. Bei uns heißt er Vogelschnabel-Schere. Er sieht genauso aus wie die Nagelscheren für Menschen, hat aber vorn ein Metallblatt mit einem kleinen Loch. Es ist so klein, daß man wirklich nur die Krallenspitze abschneidet und auch dann nichts passiert, wenn eine Katze sich wütend wehrt.

Setzen Sie sich die Katze zum Krallenschneiden auf den Schoß. Sprechen Sie leise und bewegen Sie sich langsam. Drücken Sie vorsichtig auf die Pfote, so daß die Kralle aus dem Ballen hervortritt, und schneiden Sie dann einfach die Spitze ab. Wenn Sie mit den Vorderpfoten fertig sind, legen Sie die Katze auf dem Rücken in die Armbeuge, so daß Sie gut an die Hinterbeine herankommen.

Wenn sich die Katze wehrt, machen Sie eine kleine Pause, sprechen leise mit ihr und kraulen sie unter dem Kinn, lassen Sie sie aber auf gar keinen Fall hinunter! Dann gehen Sie zur nächsten Kralle über. Die Katze begreift bald, daß es nicht wehtut, und die nächsten Sitzungen müßten einfacher zu bewerkstelligen sein. Wenn Sie die Katze loslassen, bevor Sie fertig sind, merkt sie, daß sie sich nur zu winden und zu fauchen braucht, um der Prozedur zu entgehen! Und dann haben Sie für alle Zeiten verspielt.

Ich schneide meinen Jungkatzen im Alter von vier Wochen erstmals die Krallen, damit sie sich beizeiten daran gewöhnen. Bis sie ausgewachsen sind, haben die meisten stillzuhalten gelernt. Die meisten Katzen lassen sich allerdings nicht gern auf den Rücken legen, wenn die Hinterbeine an der Reihe sind; sie fühlen sich dann schutzlos. Dann brauchen Sie mehr Zeit und Geduld. Mein Kater Shawn hat so empfindliche Pfoten, daß er jedesmal reflexartig zusammenzuckt, wenn ich eine Pfote nur berühre. Es kostet mich die größte Mühe, ihm die Krallen zu schneiden, aber ich spreche beruhigend auf ihn ein und halte ihn eisern fest, bis ich fertig bin. Wenn sich die kleinen Kätzchen winden und sich zu befreien versuchen, blase ich ihnen entweder sachte ins Gesicht oder lenke sie mit einem Anhänger ab, den ich von meinem Hals herunterbaumeln lasse.

Das Entfernen der Krallen

Niemand lebt gern inmitten von zerfetzten Stühlen und Sofas, und wenn eine Katze darauf besteht, alle Polster in Streifen zu reißen, lassen ihr manche Leute durch eine Operation die Krallen entfernen.

Dazu sollte man sich jedoch auch dann nicht entschließen, wenn sonst gar nichts zu helfen scheint. Versuchen Sie vielmehr, sie in Güte umzuerziehen; ist man konsequent genug, begreifen die meisten Katzen, daß sie die Einrichtung nicht zerkratzen dürfen.

Bevor Sie Ihrer Katze dennoch die Krallen wegoperieren lassen, sollten Sie sich auf jeden Fall folgende Fragen stellen: Habe ich vor, die Katze für immer zu behalten? Bin ich mir völlig darüber im klaren, daß eine Katze ohne Krallen nie mehr ins Freie gelassen werden darf?

Wenn die Möglichkeit besteht, daß Sie sich – wegen eines Umzugs etwa – von Ihrer Katze mit entfernten Krallen trennen müssen, sollten Sie später keine Mühe scheuen, die Katze an einem Ort unterzubringen, wo sie unter keinen Umständen ins Freie kommt. Ohne die Krallen an den Vorderpfoten kann sich die Katze nämlich nicht gegen den Angriff einer anderen Katze verteidigen und auch nicht vor einem wütenden Hund auf einen Baum flüchten.

Über die psychologischen Auswirkungen der Operation ist schon viel gesprochen worden. Nach Ansicht zahlreicher Experten kann es zu ernstlichen psychischen Störungen kommen. Andere verneinen dies. Und da sich die Experten nicht einig sind, bleibt uns nur der Rückgriff auf die Erfahrungen, die die Besitzer von Katzen, denen die Krallen entfernt wurden, gemacht haben.

Viele berichten, daß sich die Persönlichkeit der Katze nach der Operation völlig veränderte. Die Frustration darüber, daß sie ihre Krallen nicht mehr am Kratzpfosten wetzen konnte, machte sie scheu und introvertiert. Andere Katzenbesitzer sagen, daß ihre Katze sich auf ihre Zähne besann, seit sie keine Krallen mehr hatte. Und Zähne sind für Menschenarme und -beine noch schmerzhafter als Krallen und richten an Möbeln größeren Schaden an.

Sie müssen auch richtig verstehen, was die Entfernung der Krallen bedeutet. Es werden nicht nur die Krallen abgeschnitten. vielmehr handelt es sich um eine eigentliche orthopädische Operation, bei der das Zehenendglied ebenfalls entfernt wird. Auch bei aller Sorgfalt kommt es vor, daß die Pfoten nach der Operation deformiert sind. Ein Tierarzthelfer beschrieb mir einmal in einem Brief, was er nach einer solchen Krallenentfernung erlebte. «Den Katzen zittern vor Schmerz die Pfoten, und das Blut tropft durch den Verband. Sie setzen sich auf die Hinterkeulen und versuchen, die verletzten Pfoten zu entlasten. Mir wäre ein lebloser Gegenstand wie ein Stuhl keinesfalls wichtiger als eine lebendige, schmerzempfindliche Katze.»

Auch ich ziehe es entschieden vor, meine Katzen zu erziehen oder umzuerziehen, wenn sie schlechte Gewohnheiten angenommen haben. Denn geht die Katze nach der Entfernung der Krallen mit den Zähnen der Einrichtung zu Leibe, würden Sie doch auch nicht daran denken, ihr sämtliche Zähne ziehen zu lassen, oder? Ich will damit nur sagen, daß für mich immer die Erziehung den Vorrang hat und daß ich vor meinem Gewissen eine solche Operation oder Verstümmelung, die in Deutschland und in der Schweiz zum Beispiel durch das Tierschutzgesetz verboten ist, niemals verantworten könnte.

Mitesser

Wenn Ihre Katze ein weißes oder helles Kinn hat, sind Ihnen vielleicht schon schwarze Tüpfchen aufgefallen, die aussehen wie Mitesser. Es sind tatsächlich verstopfte Poren, die zu ernsthaften Entzündungen führen können. Naiverweise hatte ich angenommen, daß nur meine Siamkatzen solche Mitesser hätten, weil sie in ihrem hellen Fell so gut zu sehen waren. Eines schönen Tages aber besah ich mir einmal ganz genau das braune Fell meiner Burmakatzen und stellte fest, daß sie auch dort vertreten waren.

Wie entstehen Mitesser? Beim Fressen! Auch wenn sich eine Katze nach dem Fressen noch so gründlich putzt, bleiben doch immer winzige Futterpartikel am Kinn hängen, die mit der Zeit die Poren verstopfen, bis diese sich entzünden. Es kann so schlimm werden, daß das gesamte Kinn offen und entzündet ist. Wir nennen das manchmal das «Aby-Kinn», weil es eine bekannte Züchterin von Abessinierkatzen war, die Ende der fünfziger Jahre erstmals darauf aufmerksam machte. Abessinierkatzen sind lebhaft gezeichnet, haben aber immer ein weißes Kinn, so daß es bei ihnen besonders auffiel. Besagte Züchterin ließ eine Kultur nach der anderen vom Kinn der Katzen abnehmen und in einer texanischen Universität untersuchen, um ein Gegenmittel zu finden.

Dieser Weg dürfte den meisten von uns zu kostspielig sein, und da wir zudem wissen, daß unsere Katzen weiter fressen und sich das Kinn mit Futterteilchen beschmieren werden, die zu kleinen schwarzen Krusten werden, in denen schädliche Bakterien nisten, besteht die einzige Lösung darin, die Säuberung des Kinns zu einem Routinebestandteil der normalen Pflege zu machen.

Sobald man Mitesser feststellt, die sich noch nicht entzündet haben, wäscht man sie mit einem vom Tierarzt empfohlenen Shampoo für Katzen und Wasser ab und reibt sie vorsichtig, aber gründlich mit einem rauhen Waschlappen. Bei verstopften Poren hilft vielleicht nur eine weiche Zahnbürste. Die Haut darf selbstverständlich nicht verletzt werden. Seife ist zu diesem Zweck nicht zu empfehlen, weil sie Chemikalien enthält, die eine Katze krank machen können. Das Kinn muß sorgfältig mit sauberem Wasser abgespült werden, bevor es abgetrocknet wird. Ich habe gute Erfahrungen damit gemacht, etwas Babypuder auf das Kinn zu klopfen; es trocknet dann schneller. Bakterien gedeihen am besten in feuchter Umgebung. Je trockener das Kinn ist, desto besser ist es also.

Mein Tierarzt gibt mir immer alle möglichen Salben mit, die ich meinen Katzen aufs Kinn streichen soll. Vielleicht ist es bei Ihnen anders, aber meiner Erfahrung nach bearbeiten die Katzen dann das Kinn mit den Pfoten, um die klebrige Salbe loszuwerden. Der Babypuder dagegen fällt ihnen nicht auf. Katzenliebhaber und -züchter haben mir weitere Ratschläge erteilt, die ich an Sie weitergeben möchte.

Elsa verwendet seit vierzig Jahren einen Vaseline-Fettlippenstift, der auf offenen Stellen schmerzlindernd wirkt und einen Schutzfilm über der Haut bildet, so daß keine neuen Mitesser mehr entstehen.

Violet verwendet erfolgreich das vom Tierarzt verschriebene Mycosynalar. Die offenen Stellen am Kinn ihrer Perserkatze heilten vollständig aus.

Tommie wäscht zur Vorbeuge – nicht zur Heilung – einmal in der Woche routinemäßig das Kinn mit Katzenshampoo und Wasser ab. Sie sagt, daß die Entzündung sofort wieder kommt, wenn sie es einmal vergißt.

Bei Langhaarkatzen treten Mitesser möglicherweise nicht so häufig auf wie bei Kurzhaarkatzen, weil wegen des längeren Fells die Futterreste nicht bis ans Kinn gelangen. Sie werden entweder von der Katze abgeleckt oder von Ihnen abgebürstet, bevor sie in die Haut eindringen können. Bei Kurzhaarkatzen dagegen dringen die Futterpartikel sehr schnell in die Poren ein.

Wenn ich einmal nachlässig war mit der Kinnsäuberungsaktion und die Mitesser sich wieder entzündeten, beschleunigte BFI-Puder (in Europa gibt es ähnliche Produkte), nach dem Waschen auf die Haut gestäubt, den Heilprozeß. Er wirkt sowohl desinfizierend als auch antibakteriell, trocknet die Haut aus und heilt zugleich.

Kahle Stellen am Schwanz

Kahle Stellen am Schwanz entstehen, wenn ein Kater oder eine Katze spritzt und ein Teil der Flüssigkeit den Schwanz oder sogar den oberen Teil der Hinterbeine hinunterläuft. Mit der Zeit verursachen die im Urin enthaltenen Bakterien Haarausfall und Entzündungen.

Die gleichen Erscheinungen (Haarausfall und entzündete Stellen) treten auf, wenn eine trächtige oder kranke Katze nicht mehr in der Lage oder nicht mehr willens ist, ihre Rückseite sauberzulecken.

Solange die Katze nicht zu spritzen aufhört, ist eine vollständige Heilung kaum möglich; man kann aber einiges tun, um eine Weiterverbreitung oder Verschlimmerung zu verhüten. Man muß nur an zwei Dinge denken: Der Bereich muß einmal in der Woche gewaschen und sorgfältig getrocknet werden. Dazu kann man jedes für Katzen geeignete Shampoo, Wasser und ein rauhes Tuch verwenden. Das Shampoo wird gründlich abgespült und die Haut mit dem Tuch trocken gerieben. Zum Schluß wird etwas Babypuder eingeklopft.

Die Säuberung der Ohren

Ich putze meinen Katzen nicht jeden Tag, nicht einmal jede Woche die Ohren, aber ich verbinde Ohrenputzen mit dem Krallenschneiden (ungefähr alle zwei Wochen). Meine Katzen haben sich an diese Abfolge gewöhnt und warten nach dem Krallenschneiden schon darauf, daß ihre Ohren gesäubert werden. Dabei tupfe ich das Ohrinnere ganz vorsichtig und soweit ich sehen kann mit einem in Kinderöl getauchten Wattestäbchen aus. Auf diese Weise läßt sich der Schmutz und Wachs aus den Ohren entfernen und Ohrmilben vorbeugen. Wasser und Shampoo benutze ich nie.

Seien Sie vorsichtig, damit Sie mit dem Wattestäbchen nicht zu tief ins Ohr hineinfahren und den empfindlichen Gehörgang verletzen. Nach der Säuberungsaktion legt die Katze vielleicht ein Ohr oder beide zur Seite, aber das ist ganz normal. Nur wenn die Katze an ihren Ohren herumkratzt oder die Ohren auch dann nach außen stellt, wenn Sie nicht daran arbeiten, sollten Sie sie vom Tierarzt untersuchen lassen. Möglicherweise leidet sie an einer Ohrenkrankheit, die vom Tierarzt behandelt werden muß.

Hilfe gegen Ohrmilben

Vor einigen Jahren brachte meine Tochter eine streunende Katze mit nach Hause, und im Handumdrehen hatte sie all meine

Siamkatzen mit Ohrmilben angesteckt. Die Milben schlugen im August zu, und im Dezember hatten wir sie, trotz Tierarzt, noch immer nicht besiegt.

Aus irgendeinem Grund waren meine Katzen allergisch gegen das Medikament, das der Tierarzt verwendete. Den Ärmsten gingen schließlich an den Ohren die Haare aus und die dunklen Gesichtsmasken verloren die Farbe. Die Ohren entzündeten sich derart, daß alle nur noch herumhockten und mich benommen anstarrten. Nachdem wir Monate hindurch jede nur denkbare Arznei gegen Ohrmilben ausprobiert hatten, ließ sich der Tierarzt zum Schluß sämtliche Katzen in die Praxis bringen und behandelte sie gegen Allergie. Über einen Monat lang mußte ich die Katzen zu ihm fahren, bevor die Ohren endlich heilten.

Bringen Sie eine Katze mit Ohrmilben dennoch auf jeden Fall zum Tierarzt und halten Sie sich an die verordnete Medizin. Von der Verwendung irgendwelcher Hausmittel rate ich entschieden ab, denn bei Schwierigkeiten und Komplikationen weiß doch nur der Tierarzt zu helfen – und der wird von Ihrem Herumdoktern gar nicht entzückt sein. Ihre Katze übrigens auch nicht.

Die Reinigung der Augen

Fast alle Menschen haben morgens noch ein wenig «Schlaf» in den Augenwinkeln, wenn sie aufwachen, aber aus irgendwelchen Gründen ist es für viele eine Überraschung, daß diese Absonderung auch in Katzenaugen zu finden ist!

Bei einer hellfarbigen Katze ist in den Augenwinkeln gut eine kleine, dunkle Kruste zu sehen. Sie brauchen nichts weiter zu tun, als sie mit einem Papiertaschentuch wegzuwischen. Da die Katze auch tagsüber einigemale schläft, ist es auch nicht ungewöhnlich, wenn diese Masse mehrmals am Tag auftritt. Bei einer dunklen Katze fällt die Masse nicht auf, so daß man möglicherweise nicht darauf aufmerksam wird. Wenn Sie nicht gewohnheitsmäßig jeden Tag nachsehen und die Augen auswischen, kann sich mit der Zeit eine Entzündung entwickeln.

Eitrige oder rotgeränderte Augen bedeuten, daß die Katze zum Tierarzt muß. Diese Symptome deuten auf irgendeine Entzündung hin.

Wenn der Tierarzt eine Salbe oder Tropfen verschreibt, wenden Sie sie laut Gebrauchsanweisung an. Halten Sie die Katze aber noch ein paar Minuten fest und versuchen Sie, sie von dem Brennen oder Jucken in den Augen abzulenken. Wenn Sie sie nicht davon abhalten können, sich in diesen ersten Minuten die Augen zu reiben, reibt sie vielleicht so heftig, daß die Medizin größtenteils wieder hinausgerieben wird und sich die Augen noch mehr entzünden. Es ist recht nützlich, zur Behandlung von Kratzern und Reizungen im Auge eine antiseptische oder antibiotikahaltige Salbe zur Hand zu haben, falls man die Katze nicht gleich zum Tierarzt bringen kann. Lassen Sie sich wenigstens am Telefon vom Arzt sagen, welches Mittel einstweilen ohne Gefahr angewandt werden darf.

Wird die Katze gegen eine Entzündung der Atemwege behandelt, kann man die Augen mit Watte und warmem Wasser auswaschen und dann eine vom Tierarzt verordnete Salbe benutzen.

Weiße Katzen mit gelben Flecken

An der Brust und den Vorderbeinen bekommt das Fell von weißen Katzen gern einen gelblichen Schimmer. Das kommt vom Putzen, denn zwischen Speichel und Fell entsteht eine Wechselwirkung, die das Fell gelb färbt. Auch von Flohspray kann weißes Fell gelblich werden, weshalb man besser Flohtabletten oder ein Flohhalsband verwendet.

Es gibt zwei Möglichkeiten, den «Gilb» wieder herauszubekommen. Man kann die Katze in Wasser mit einem Schuß Waschblau baden und der Zeit und der Natur ihren Lauf lassen. Allmählich fallen die Deckhaare aus, und tägliches Bürsten und Kämmen beschleunigen den Vorgang noch.

Man kann auch aus Babypuder oder Maisstärke und Wasserstoffsuperoxyd eine Paste anrühren und diese auf die gelben Stellen streichen. Man läßt sie fünf Minuten antrocknen und badet die Katze dann. In hartnäckigen Fällen muß die Behandlung mehrmals wiederholt werden. Bei dieser Methode ist indessen sehr darauf zu achten, daß nichts von der Paste der Katze in Augen, Nase oder Maul gerät. Die Paste trocknet das Fell natürlich aus und ist nicht ganz unschädlich, sollte also nur dann angewendet werden, wenn es wirklich wichtig ist, die Gelbfärbung zu beseitigen, zum Beispiel, wenn man eine Katze für eine Ausstellung vorbereitet. Solche Schönfärbereien sind allerdings für Ausstellungen in Europa strikte verboten. Bei einer weißen Schaukatze ist es zu empfehlen, ihr zu den Mahlzeiten ein Babylätzchen umzubinden, damit die Brust nicht fleckig wird.

Warum Schwarz zu Braun wird

Bei einer schwarzen Katze sieht man immer wieder, daß besonders die Haare an den Flanken und an der Kehle braun werden. Manchmal sieht das Brustfell beinahe rot aus. Es kommt häufig vor, daß sich das Fell schwarzer Katzen braun oder rostfarben färbt; dafür sind zwei Dinge verantwortlich. Einmal bleicht die Sonne das Fell aus und bringt die Rotfärbung heraus, vergleichbar den goldenen und rötlichen Reflexen, die die Sommersonne auf menschliches Haar zaubert.

Der andere Grund ist der Speichel der Katze. Nach dem Fressen oder Trinken sind gewöhnlich Gesicht und Brust beschmutzt, und diese Stellen werden mit der Zeit rötlich, weil sie mit angeleckten Pfoten gesäubert werden. Wenn Sie genau hinsehen, werden Sie feststellen, daß oft auch die Pfotenballen gefärbt sind. Auch die Chemikalien in Flohsprays können die Fellfarbe verändern.

Warum aus Schwarz Weiß und aus Weiß Schwarz wird

Wenn eine Katze Mikrosporie, einen gefährlichen Abszeß oder auch nur eine kleine Narbe gehabt hat, können bei einer schwarzen oder braunen Katze die Haare weiß, bei einer weißen Katze schwarz nachwachsen.

Bei einer normalen Hauskatze macht das absolut nichts aus, aber bei einer Ausstellungskatze kann es zur Disqualifikation führen. Wenn man verhindern will, daß das Fell andersfarbig nachwächst, muß man die vernarbte Stelle beizeiten behandeln. Überlassen Sie dies dem Tierarzt: er wird Ihnen sagen, was man gegen solche Schönheitsfehler unternehmen kann. Sie sollten ihn allerdings wissen lassen, daß Sie die Katze wenn möglich wieder ausstellen möchten und daß dazu das Fell makellos sein sollte.

Schuppen
Auch bei einer Katze können sich, genau wie beim Menschen, Schuppen bilden, und die Ursachen dafür sind ebenso vielfältig. Bei einer hellfarbigen Katze fällt es vielleicht überhaupt nicht auf, aber bei dunklem Fell braucht man nur darüberzustreichen oder -zubürsten, damit die Schuppen an die Oberfläche kommen.

In geringem Ausmaß sind Schuppen normal, weil die Haut sich erneuert und abgestorbene Zellen regelmäßig abgestoßen werden. Bei übermäßiger Schuppenbildung sollte der Tierarzt zu Rate gezogen werden, weil sie ein Zeichen für falsche Ernährung, Ölmangel oder sogar eine Haut- oder Parasitenkrankheit sein kann.

Ich habe festgestellt, daß meine operierten und meine älteren Katzen mehr Schuppen haben als die nicht operierten und die jüngeren. Einer kastrierten Kätzin und einem kastrierten Kater fehlen die Hormone, die zu gesunder Haut und gesundem Fell beitragen. Vielleicht kann Ihnen der Tierarzt ein Medikament oder einen Futterzusatz verschreiben, der diesen Mangel ausgleicht. Bei älteren Katzen wird einfach aufgrund des Alterungsprozesses das Fell mit der Zeit dicker und trockener und die Haut schuppig. Auch hier kann ein Futterzusatz oder ein gelegentliches Bad helfen. Ganz verschwinden werden die Schuppen wahrscheinlich nicht mehr, aber man kann sie unter Kontrolle halten.

Haarausfall
Wenn einer Katze soviel Haar ausfällt, daß kahle Stellen entstehen, ist ein Besuch beim Tierarzt fällig. Die Ursachen für Haarausfall reichen von Parasiten, Mikrosporie und Hautallergien bis hin zu inneren Entzündungen, Nervosität und Hormonveränderungen.

Burmakatzen sehen immer aus, als ob sie unter Haarausfall litten, auch wenn dies gar nicht der Fall ist. Alle Katzen haben über den Augen weniger Haare, aber da die Burmakatze dunkles Fell, eine sehr helle Haut und feines Haar hat, sieht es bei ihr oft so aus, als hätte sie dort noch viel weniger Haare als andere Katzen. Wenn man genau hinsieht, merkt man aber, daß bei allen Katzen das Fell an dieser Stelle dünn ist.

Auch die Sohlenstreifen – die Rückseite der Hinterbeine vom Sprunggelenk abwärts – sind normalerweise kahl. Das Fell reibt sich einfach ab, wenn die Katze sich immer wieder niedersetzt.

Bei Katzen, die im Zwinger gehalten werden, oder solchen, die gern den Kopf an Möbelstücken reiben, entstehen oft seitlich am Kopf oder um die Ohren herum kahle Stellen. Falls Schürfwunden auftreten, kann man sie mit Aureomycinsalbe behandeln.

Fellwechsel, ausgehende Haare

In Büchern steht oft, daß Katzen nur zweimal im Jahr das Fell wechseln. Vielleicht stimmt das für Katzen mit Auslauf im Freien; für reine Hauskatzen stimmt es mit Sicherheit nicht. Bei den mehr oder weniger gleichmäßigen Temperaturen in unseren Wohnungen erneuert sich deren Fell das ganze Jahr über. Wenn es Ihnen aber so vorkommt, als verliere die Katze regelmäßig viel Haare, sollten Sie sie untersuchen lassen. Auch wenn sie nicht krank ist, kann der Grund dafür ein unausgewogener Hormonhaushalt sein. Bei älteren Katzen ist das Fell gewöhnlich trockener als bei jüngeren, und sie verlieren noch mehr Haare.

Ganz selten geht der Haarausfall auf einen Ernährungsfehler zurück, doch mit den wachsenden Erkenntnissen über Katzenkrankheiten stellt sich immer mehr heraus, daß der Grund für trockenes Fell – und den damit verbundenen Haarausfall – meistens in einer Krankheit, einer Hautallergie, Parasiten oder einem unausgewogenen Hormonhaushalt zu suchen ist.

Wenn die tierärztliche Untersuchung kein Ergebnis bringt, gehen der Katze wahrscheinlich die Haare aus, weil sie in einem gleichmäßigen Klima lebt und keinen witterungsbedingten Temperaturwechseln ausgesetzt ist. Auch nach einer Sterilisation oder Kastration wird das Fell gewöhnlich dicker und trockener, und es gehen mehr Haare aus. Dieses Problem läßt sich aber oft durch ein Bad oder durch tägliche Pflege mit der Hand oder mit der Bürste lösen.

Das Kämmen

Kurzhaarkatzen brauchen nicht täglich gekämmt zu werden. Wenn man sie streichelt, nimmt das natürliche Hautöl der Handflächen schon die meisten abgestorbenen Haare mit. Einmal in der

Woche sollte man das Fell mit einer Hartgummibürste (ohne Borsten) abrubbeln. Drücken Sie aber nicht zu fest, weil sonst Haare ausgerissen werden und so kahle Stellen entstehen.

Bei einer Langhaarkatze müssen Sie sich täglich ungefähr zehn Minuten Zeit für das Kämmen nehmen. Kaufen Sie sich einen Metallkamm mit weit auseinanderstehenden Zinken. Setzen Sie sich in einen bequemen Stuhl und versuchen Sie, Ihrer Katze diese tägliche Pflegezeit angenehm zu machen. Kämmen Sie immer sehr vorsichtig, sprechen Sie leise mit der Katze und lassen Sie sich Zeit.

Besonders schwierig zu kämmen sind die Halskrause, die «Hosen» an den Hinterbeinen, der Schwanz, der Magen und die Leistengegend. Auf der Unterseite verfilzt sich das Fell besonders leicht, weil die Katze schwitzt und weil sie soviel liegt. Denken Sie daran, wie es ziept, wenn Sie einen Knoten im eigenen Haar durchzukämmen versuchen. Die Haut einer Katze ziept genauso, wenn Sie verfilztes Fell zu entwirren versuchen. Die natürliche Reaktion einer Katze darauf ist Fauchen, Kratzen, Beißen und der Versuch, sich der Prozedur zu entziehen. Machen Sie dann eine kurze Pause, lassen Sie die Katze jedoch auf keinen Fall von Ihrem Schoß herunterspringen. Wenn Sie sich einmal von dem Geschrei und Gefauche einschüchtern lassen, wird die Katze Sie vermutlich am nächsten Tag schon anfauchen, bevor der Kamm sie überhaupt nur berührt hat. Katzen lernen sehr schnell, wie man die Oberhand gewinnen kann, und dann ist es mit dem Kämmen ein für allemal vorbei.

Das Kämmen dient bei Langhaarkatzen nicht nur der Schönheit, sondern auch und vor allem der Gesundheit. Wenn das Fell richtig verfilzt, können die Haare so fest verkleben, daß sie in die Haut kneifen und für die Katze wirklich unbequem werden. Einmal verfilzte Stellen sind fast unmöglich wieder auszukämmen und müssen vorsichtig mit der Schere herausgeschnitten werden. Halten Sie die Hand zwischen die verfilzten Stellen und die Haut, damit Sie die Katze nicht aus Versehen verletzen. Wenn es Ihnen nicht gelingt, alle Knoten herauszubekommen, bringen Sie die Katze besser zum Tierarzt oder in ein Fachgeschäft und lassen sie scheren.

Sobald alle Knoten herausgeschnitten sind, fangen Sie am besten sofort mit der täglichen Kämmprozedur an. Solange keine

Knoten vorhanden sind, tut das Kämmen nicht weh. Wenn Sie das Vertrauen der Katze gewinnen und diese sich entspannt, können Sie das ganze Fell gründlich durchkämmen. Sind Magen- und Leistengegend an der Reihe, streichle ich meine Langhaarkatze, damit sie ruhig wird, und dann drehe ich sie auf den Rücken, so daß sie mit dem Bauch nach oben in meinem Schoß liegt. Wenn sie merkt, daß ich nicht mit Gewalt an den Haaren reiße und ihr nicht wehtue, fängt sie zu schnurren an, und oft schläft sie mir mitten im Kämmen ein.

Vielleicht möchten Sie das Fell mit etwas Puder seidiger und leichter zu kämmen machen. Nehmen Sie nicht zuviel Puder und achten Sie darauf, ihn nicht ins Gesicht der Katze zu bringen. Er kann Augen und Nase reizen und zu Entzündungen führen. Andere Besitzer von Langhaarkatzen raten dazu, die Katze nach jeder Sitzung mit einem Leckerbissen zu belohnen oder sie sogar während des Fressens zu kämmen. Das klingt vielleicht albern, aber eine Dame berichtet, daß ihr Kater so versessen aufs Fressen ist, daß er sich kämmen läßt, solange er frißt. Sie kniet sich einfach neben den Futterteller und kämmt ihn. Eine Dame, die Perserkatzen züchtet, hält ihre Katzen mit einem Handtuch im Zaum. Das Tuch wird um Schulter und Vorderbeine gewickelt und mit den Knien festgehalten, so daß sich die Katze nicht umdrehen und nach ihr schlagen kann. Damit hat sie die Hände frei, um sich dem Schwanz, den Hinterbeinen und der Leistengegend zu widmen.

Es gibt also keinen Zauberspruch und auch keinen Zauberkamm, der das Kämmen leichter macht. Eher ist es mit Ruhe, Freundlichkeit und einer täglichen Sitzung mit Kamm und Bürste getan. Und außerdem ist es wichtig, daß Sie dabei nie die Geduld verlieren, auch wenn die Katze noch so viel Theater macht.

Das Baden

In den meisten Büchern steht, daß man Katzen nie zu baden braucht (mit Ausnahme von Notsituationen, wenn die Katze zum Beispiel mit Teer verklebt ist), weil sie so sauber sind und sich selbst putzen. Medizinisch gesehen spricht aber nichts gegen ein Bad; wenn es also Sie – und die Katze – glücklich macht, können Sie die Katze ruhig baden.

Beginnen wir damit, daß wir daran erinnern, wie verschieden Katzen sind. Genau wie Menschen. Manche Leute baden mit Leidenschaft, andere füllen pflichtschuldigst die Wanne, bleiben aber lieber draußen. Bei Katzen ist es genauso. Manche freuen sich auf ihr regelmäßiges Bad, und manche betrachten sich die Wanne lieber von außen.

Zwei Dinge sind wichtig: das richtige Shampoo (alle nicht speziell für Katzen empfohlenen Shampoos und Seifen sind für Katzen giftig und können sie tatsächlich durch die Haut hindurch vergiften) und der Schutz vor Zugluft, solange die Katze noch nicht trocken ist.

Da Katzen sich um so sicherer fühlen, je weiter oben sie sind, hat man wahrscheinlich weniger Widerstand und Kampf zu gewärtigen, wenn man sie im Spülbecken badet. Füllen Sie das Becken mit warmem Wasser – so, wie Sie es für ein Babybad machen würden.

Alles was Sie brauchen, muß griffbereit zur Hand sein – aber nicht so nahe, daß die Katze es erreichen kann. Zur Ausrüstung gehören ein tierärztlich empfohlenes Katzenshampoo, ein Tuch für die Gesichtswäsche und Tücher zum Abtrocknen. Stellen Sie die Katze so ins Becken, daß sie Ihnen das Hinterteil zukehrt. Alle vier Füße müssen den Boden berühren. Wenn sie nur mit den Hinterfüßen am Boden steht, versucht sie instinktiv, sich mit den Vorderfüßen aus dem Becken zu ziehen. Wenn alle vier Füße Bodenberührung haben, entspannt sich die Katze eher und beruhigt sich mehr oder weniger.

Ich lege meinen Katzen gewöhnlich eine Hand auf die Schultern, nur ganz leicht, und mit der anderen Hand schäume ich sie ein und spüle sie wieder ab. Mit dem Nackengriff oder anderen Zwangsmaßnahmen habe ich keine guten Ergebnisse erzielt; die Katzen versuchen dann, sich erst recht zu befreien. Der leichte Druck der Hand über der Schulter vermittelt ihnen ein Gefühl der Sicherheit, und wenn es doch zu einem Kampf kommt, kann man immer noch fester zupacken. Bewegen Sie sich sehr langsam und sprechen Sie leise mit der Katze. Man braucht das Gesicht nicht einzuschamponieren, es genügt, diesen Bereich und die Ohren mit einem Tuch abzuwaschen, das man ins Waschwasser getaucht hat.

Nach dem Einseifen muß das Shampoo gründlich ausgespült werden. Gießen Sie entweder glasweise Wasser über die Katze oder spritzen Sie sie mit einem Sprühschlauch, der auf den Wasserhahn aufgesteckt wird, ab. Wenn Shampoo im Fell verbleibt, hat die Katze nachher Schaum vorm Maul, wenn sie sich trocken lecken will! Dann wickelt man die Katze gut in ein großes Tuch und trägt sie unter beruhigendem Sprechen in einen zugfreien Raum. Und denken Sie daran: Warme Zugluft ist genauso schädlich wie kalte! Wenn Sie die Katze im Badezimmer trocknen lassen und ein elektrisches Heizgerät anschalten, müssen Sie darauf achten, daß keine Zeitschriften oder Vorlagen zu dicht daran liegen, die Feuer fangen könnten. (Von durch Katzen verursachten Bränden ist in einem anderen Abschnitt die Rede – siehe Seite 108ff.).

Bei einer Langhaarkatze möchten Sie den Trockenvorgang vielleicht durch einen Fön beschleunigen. Sie müssen die Katze dann aber ständig kämmen, weil sich die Haare sonst verfilzen. Langhaarkatzen müssen überhaupt durchgekämmt werden, sobald sie ganz trocken sind. Bei Kurzhaarkatzen genügt es, mit einer Gummibürste oder einfach mit der flachen Hand über das Fell zu streichen.

Wenn Sie mehr als eine Katze haben, baden Sie sie am besten alle am selben Tag. Wir haben festgestellt, daß es Katzen unangenehm ist, ein nasses Fell zu haben, und daß die trockenen Katzen oft auf die nassen losgehen! Wundern Sie sich nicht, wenn sich Ihre einzige Katze nach dem Baden versteckt und erst wieder erscheint, wenn sie ganz trocken und so schön wie immer ist.

Ein Bad schadet einer Katze nicht; oft fühlt sie sich danach sogar viel wohler. Den größten Teil ihrer wachen Zeit verbringen Katzen damit, sich zu putzen, und wir tun nichts weiter, als ihnen ab und zu zu einem Ganzbad zu verhelfen. Die Züchter und Aussteller von weißen oder hellfarbigen Katzen baden diese alle vierzehn Tage, ohne daß es ihnen schadet. Und es kann nicht schaden, Katzen beizeiten ans Baden zu gewöhnen, denn wenn sie je Flöhe bekommen oder an Mikrosporie erkranken, werden sie vermutlich um ein medizinisches Bad nicht herumkommen.

5 Die kranke Katze

Hausbakterien
Wenn Sie schon eine oder mehrere Katzen haben und daran denken, eine weitere – jung oder alt – ins Haus zu nehmen, müssen Sie bedenken, daß der Neuankömmling gegen die «Hausbakterien», mit denen die alteingesessenen Katzen behaftet sind, nicht immun ist.

Auch wenn Ihre Katzen vorschriftsmäßig geimpft und kerngesund sind, haben sie sich an die in Ihrem Haus gegenwärtigen Keime und Bakterien gewöhnt und sind gegen sie immun geworden. Ein neu hinzukommendes Kätzchen oder auch eine ausgewachsene Katze ist nicht immun dagegen, und es kann sein, daß das so gesund aussehende neue Kätzchen innerhalb von ein, zwei Wochen mit einer Erkrankung der Atemwege oder Ähnlichem herauskommt. Die anderen Katzen haben ihrerseits keine Abwehrstoffe gegen die Keime, die die neue Katze mitbringt, weshalb es sich empfiehlt, sie die ersten paar Wochen allesamt gut im Auge zu behalten. Manchmal wird ein Kätzchen wenige Tage, nachdem der Tierarzt es geimpft hat, krank, und Sie haben vielleicht das Gefühl, daß es sich dort angesteckt hat. Das mag manchmal stimmen, aber wahrscheinlicher ist, daß das Kätzchen noch keine Abwehrstoffe gegen die Bakterien der anderen Katzen aufgebaut hat. Das läßt sich sehr gut mit unseren Ferien- oder Geschäftsreisen vergleichen. Wie oft sind wir schon kerngesund zu Hause abgefahren und haben uns, kaum daß wir in einer anderen Stadt angekommen waren, erkältet oder eine Grippe zugezogen! Das kommt daher, daß wir an die Keime in einem anderen Haus oder einer anderen Stadt nicht gewöhnt sind und deshalb schnell krank werden. Andererseits erleben wir oft, daß Besucher bei uns zu Hause oder in unserer Stadt krank werden, während wir ganz in Ordnung sind.

Diese Hausbakterien lassen sich nicht ausschalten; man kann nur verhindern, daß es zu gefährlichen Erkrankungen kommt, indem man neue Kätzchen erst ins Haus nimmt, wenn sie wenigstens drei Monate alt sind.

Auch Ihr Teppichboden kann sich auf das neue Kätzchen auswirken. Seien Sie nicht allzu überrascht, wenn das Kätzchen in den ersten Tagen wahre Niesanfälle bekommt. Wenn es nicht fressen will oder Fieber hat, muß es natürlich zum Tierarzt gebracht werden. Es mag daran liegen, daß der Teppichboden die Nasenwege gereizt hat. Auch Ihre eigene Kleidung kann eine Allergie ausgelöst haben. Ich habe das wieder und wieder erlebt, wenn meine jungen Katzen, die auf Fliesen und Holzboden groß wurden, in ein Heim mit Teppichboden überwechselten. Ebenso habe ich erlebt, daß sie Niesanfälle bekamen, wenn ich einen Wollpullover trug. Diese geringfügigen Allergien vergehen aber gewöhnlich innerhalb von wenigen Tagen.

Krankheitssymptome

Es gibt viele Anzeichen, die Ihnen sagen, ob Ihre Katze eventuell tierärztliche Hilfe braucht. Es sollte für Sie zur täglichen Routine gehören, einen Blick auf die Katzentoilette zu werfen. Hat die Katze Verstopfung oder Durchfall? Hat der Kot einen ätzenden Geruch, ist er schwarz oder doch dunkel? Im Abschnitt über Durchfall und Verstopfung ist auch von den gelegentlichen Vorkommnissen in der einen oder anderen Richtung die Rede, die sich nach ein oder zwei Tagen von selbst geben. Wenn sie länger andauern, muß die Katze vom Tierarzt untersucht werden.

Erbricht die Katze oder frißt sie einmal nicht, kann das vollständig normal sein, denn Katzen erbrechen manchmal, um ein Knäuel verschluckter Haare loszuwerden. Hie und da lassen sie auch einmal eine Mahlzeit aus, weil ihr Magen leicht in Unordnung ist. Wenn eine Katze aber zwei Tage lang erbricht oder nicht frißt, muß sie auf jeden Fall zum Tierarzt.

Bei einer Kurzhaarkatze ist sofort zu sehen, wenn sie krank ist: das Fell wird fast über Nacht trocken und steht vom Körper ab. Bei einer gesunden Katze muß das kurze Fell glänzen und dicht am Körper anliegen. Wenn sie merken, daß Ihre Katze ein trockenes, gesträubtes Fell hat, bringen Sie sie sofort zum Tierarzt, ohne weiter Zeit damit zu verlieren, sie mit Eigelb oder Öl zu füttern.

Auch die Augen sind unfehlbare Anzeiger für die innere Gesundheit. Eine Katze mit eitrigen oder rotgeränderten Augen muß zum Tierarzt. Ein weiteres Zeichen ist die Nickhaut – das dritte Lid, das normalerweise durchsichtig und nicht sichtbar ist. Bei einer kranken Katze bewegt sich diese Nickhaut vom inneren Augenwinkel her langsam über den Augapfel. Manchmal ist sie dann nicht mehr durchsichtig, sondern rosa. Wenn die Nickhaut sichtbar wird, ist dies auf jeden Fall ein Zeichen, die Katze sofort zum Tierarzt zu bringen.

Husten – abgesehen von dem gelegentlichen Aushusten von Haarballen – kann ein Zeichen für Erkrankung, Würmer oder sogar eine Herzkrankheit sein. Lassen Sie die Katze sofort untersuchen.

Eine tropfende Nase heißt nicht unbedingt, daß die Katze erkältet ist. Manchmal ist Nasenausfluß auch ein Zeichen für eine Erkrankung der Nebenhöhlen. Jawohl, Katzen können unter Heuschnupfen, Allergien und Asthma leiden wie ein Mensch! Auf jeden Fall kann der Tierarzt bestimmen, ob der Nasenausfluß von einer Infektion oder von einer Allergie verursacht wird.

Die Normaltemperatur einer Katze liegt bei etwa 38,3 Grad Celsius. Bei einer Rex-Katze ist sie allerdings immer um etwa ein halbes Grad höher. Wenn Ihre Katze zu dieser Rasse gehört und der Tierarzt vielleicht nicht daran denkt, erinnern Sie ihn vorsichtig daran. Weist die Katze außer einer leicht erhöhten Temperatur – zum Beispiel 39 Grad – keine Krankheitssymptome auf, braucht man nicht gleich zum Tierarzt zu laufen. Messen Sie weiterhin die Temperatur, und wenn sie auf diesem Stand bleibt oder weiter steigt, bringen Sie die Katze zum Tierarzt.

Besorgniserregender als eine leicht erhöhte Temperatur ist Untertemperatur. Eine erhöhte Temperatur deutet fast immer auf eine Infektion hin, eine Untertemperatur (37,8 Grad Celsius oder darunter) dagegen zeigt sehr oft an, daß eines oder mehrere der lebenswichtigen Organe nicht funktionieren. Beim ersten Anzeichen von Untertemperatur muß die Katze sofort zum Tierarzt. Ich merke normalerweise, ob eine meiner Katzen Fieber oder Untertemperatur hat, wenn ich ihr die Hand unmittelbar über den

Augen auf die Stirn lege. Sie fühlt sich entweder anormal warm oder kühl an, und dann weiß ich, daß ich die Temperatur messen sollte. Dazu benutze ich ein Rektalthermometer, das ich mit Vaseline einreibe und vorsichtig in den After einführe. Ich halte die Katze auf dem Schoß, kraule sie unterm Kinn und versuche, sie die erforderlichen drei Minuten lang so ruhig wie möglich zu halten. Wenn die Katze kämpft und sich windet, kann die Temperatur steigen, so daß man keine zuverlässigen Angaben erhält.

Geben Sie Ihrer Katze nie Aspirin, auch nicht, wenn sie hohes Fieber hat und Sie den Tierarzt nicht erreichen können! Auch kein Aspirin für Kleinkinder! Die meisten Katzen werden von Aspirin schwer krank, manche sterben sogar daran.

Außer diesen offensichtlichen Krankheitssymptomen gibt es aber auch noch subtilere, die nur Ihnen als ständigem Beobachter auffallen. Genauer hinschauen sollten Sie, wenn eine Katze, die um eine bestimmte Zeit sonst wach und munter ist, sich an einen versteckten Ort zurückzieht. Auch wenn Sie mehrere Katzen haben, die normalerweise zusammen schlafen, und eine sich plötzlich absondert, können Sie ziemlich sicher sein, daß etwas nicht in Ordnung ist.

Alles was vom normalen Verhalten der Katze abweicht, kann ein Anzeichen dafür sein, daß etwas nicht in Ordnung ist. Bettelt die Katze sonst immer um ein Stückchen gebratenes Huhn, macht sich aber eines Tages plötzlich nichts mehr daraus? Kommt Ihnen Ihre Katze normalerweise freudig entgegen, wenn Sie nach Hause kommen, liegt heute jedoch teilnahmslos in der Ecke und steht nicht auf? Sie ist ein Tier und kann in dem Sinn, den wir darunter verstehen, nicht «sprechen»; sie kann sich aber sehr wohl verständlich machen, wenn Sie ihr normales Verhalten kennen und auf jede Abweichung davon achten, auf Appetitlosigkeit zum Beispiel oder eines der anderen beschriebenen Symptome. Ich weiß nicht mehr, wie oft ich mit einer Katze, die klare Augen und ein glänzendes Fell hatte, beim Tierarzt erschienen bin. Auf seine Fragen konnte ich nur sagen: «Ihr Appetit ist normal, sie schnurrt laut, die Verdauung ist in Ordnung, und Fieber hat sie auch nicht. Aber ich weiß, daß etwas nicht stimmt.» Zuerst sah mich der Tierarzt einigermaßen seltsam an, aber jetzt nimmt er meine

Beobachtungen ernst, die mehr auf dem Gefühl, daß etwas nicht stimmt, beruhen als auf irgendwelchen greifbaren Beweisen. In jedem Fall brachte die Untersuchung oder eine vollständige Blutuntersuchung eine Krankheit zutage.

Durchfall

Wundern Sie sich nicht, wenn Ihr neu erstandenes Kätzchen innerhalb von ein, zwei Tagen Durchfall bekommt. Wahrscheinlich rührt dies davon her, daß es anderes Wasser oder Futter erhält; er kann aber auch die Folge von Furcht und Unsicherheit sein. Als erstes wird die Katze auf reizlose Diät gesetzt. Eigelb oder feinpassiertes Fleisch sind sehr gut, und außerdem können Sie etwas Reis kochen und dem Kätzchen den Reisschleim mit einer Pipette füttern.

Eine Kätzin kann Durchfall bekommen, wenn sie rollig oder trächtig ist oder gerade Junge säugt. In diesen Fällen hängt der Durchfall mit Hormonveränderungen im Körper zusammen. Durchfall kann immer wieder einmal vorkommen und aus den verschiedensten Gründen: Streß, Veränderungen im gewohnten Leben, chemische Zusätze im Trinkwasser, Krankheiten oder einfach ein Futterwechsel.

Humanmedizinische Mittel gegen Durchfall dürfen bei Katzen nicht verwendet werden. Ich würde lieber ein paar Tage abwarten und es mit milder Kost und Reisschleim versuchen. Viel Flüssigkeit ist wichtig für die Katze, weil der Körper wegen des Durchfalls viel Flüssigkeit verliert, die ersetzt werden muß. Wird es nach ein paar Tagen nicht besser, sollten Sie die Katze zum Tierarzt bringen.

Wenn der Durchfall allerdings schwarz aussieht (was auf innere Blutungen hinweist), grau aussieht (ein Zeichen für Parasitenbefall) oder scharf riecht, muß die Katze sofort zum Tierarzt.

Verstopfung

Verstopfung kann bei allen Katzen, jung oder alt, ein Zeichen für eine ernsthafte Erkrankung sein und sollte nie auf die leichte Schulter genommen werden. Bringen Sie die Katze zum Tierarzt, wenn Sie diese Art Verdauungsstörung vermuten. Einläufe oder Zäpfchen dürfen nur auf Anweisung des Tierarztes verabreicht werden.

Auch hier dürfen Sie die Verstopfung nicht einfach mit Medikamenten aus der Humanmedizin behandeln, weil sie die Ursache der Verstopfung unter Umständen noch verschlimmern. Auf Reisen oder wenn Sie absolut keinen Tierarzt erreichen können, sind Ölsardinen das gefahrloseste Mittel, mit dem Sie versuchen können, die Verstopfung zu beheben. Wenn dies nicht hilft, müssen Sie den Tierarzt aufsuchen.

Manchmal bilden wir uns auch nur ein, daß eine Katze an Verstopfung leidet. Achten Sie darauf, wie oft die Katze normalerweise Stuhlgang hat. Einige meiner Katzen haben regelmäßig zwei- bis dreimal am Tag Stuhlgang, andere wieder nur jeden zweiten Tag. Ob die Katze nun häufig oder selten Stuhlgang hat, ist aber weniger wichtig; wichtig ist nur, wenn sich im normalen Verhalten etwas ändert. Wenn sich die Verdauung nicht innerhalb von ein, zwei Tagen normalisiert, ist ein Besuch beim Tierarzt fällig.

Haarballen

Wenn Ihre Katze würgt, hustet und erbricht und der Tierarzt sagt, daß das von Haarballen kommt, können Sie dem schon zu Hause vorbeugen.

Durch tägliches Kämmen und Bürsten kann man einen Großteil der abgestorbenen Haare, aus denen die Haarballen bestehen, entfernen. Manche Katzen können Haare aufnehmen und wieder ausscheiden, ohne daß ihnen dies besondere Schwierigkeiten bereitet; andere sind dazu weniger begabt. Zusätzlich zur Fellpflege kann man Langhaarkatzen täglich, Kurzhaarkatzen einmal in der Woche ein Mittel gegen Haarballen, wie zum Beispiel Catringmalt, geben.

Eine Katze, die ins Freie kommt, frißt wahrscheinlich Gras, das sofort wieder erbrochen wird. Gras wirkt als natürliches Brechmittel zur Entfernung von Haarballen aus dem Verdauungssystem.

Eine im Haus gehaltene Katze behilft sich vermutlich mit Trockenfutter. Sie frißt eine kleinere Menge, geht ein kurzes Stück und erbricht alles fast unmittelbar darauf. Meine eigenen Katzen fressen ihr Trockenfutter aus der Schüssel auf den Bodenfliesen der Küche, gehen dann ein kurzes Stück bis zur Kante des

Wohnzimmerteppichs und würgen dort alles wieder heraus. Irgend etwas müssen Teppiche an sich haben, das sie für Katzen, die von Brechreiz befallen sind, einfach unwiderstehlich macht!

Erkrankungen der Harnwege

Erkrankungen der Harnwege und Blasenkatarrh kann man daran erkennen, wie die Katze sich beim «kleinen Geschäft» benimmt. Wenn sie sehr oft die Katzentoilette aufsucht, aber immer nur ein paar Tropfen von sich gibt, liegt vermutlich irgendeine Infektion vor. Sichere Anzeichen für eine Erkrankung der Harnwege sind Blut im Urin oder angestrengtes Pressen beim Wasserlassen.

Es gibt viele Arten von Nieren- und Harnweginfektionen. Letztere können durch die relativ seltenen Harnblasensteine (vor allem bei Katern) hervorgerufen werden, die sich im Harnleiter verklemmen und ihn blockieren. In beiden Fällen muß die Katze in tierärztliche Behandlung.

Die Behandlung kann darin bestehen, daß die Katze zehn Tage lang Pillen nehmen muß; sie kann aber auch darin bestehen, daß die Katze für den Rest ihres Lebens jeden Tag Pillen schlucken muß. Das hängt ganz davon ab, welche Diagnose der Tierarzt in diesem besonderen Fall stellt.

Wenn eine Ihrer Katzen wegen eines Harnweginfekts in Behandlung ist und Sie feststellen, daß auch eine zweite Blut im Urin hat, geben Sie ihr auf keinen Fall dieselbe Medizin, die die erste erhält. Die Gründe dafür können völlig verschieden sein. Lassen Sie den Tierarzt darüber entscheiden.

Manchmal wird bei Katern (auch bei kastrierten Katern) die Öffnung des Harnleiters operativ vergrößert, damit die Blasensteine ausgeschieden werden können. Die Operation kann nicht bei allen Katern vorgenommen werden, aber Sie können Ihren Tierarzt fragen, ob sie bei Ihrem Kater in Frage kommt. Manche Tierärzte raten nicht gern zu Operationen, aber auf die Dauer gesehen kann eine Operation billiger kommen als Tabletten und häufige Tierarztbesuche.

Früher räumte man Blasensteine gern mit Hilfe eines Katheters aus, aber neuere Forschungen haben ergeben, daß der Katheter sehr oft eine Blasenentzündung verursachte. Wenn Ihnen Ihr Tierarzt zu dieser Kathetertechnik rät, würde ich ihn an Ihrer

Stelle fragen, ob dadurch die Möglichkeit einer Infektion besteht. Ich will damit keineswegs Ihren Tierarzt schlecht machen, aber nicht alle Tierärzte halten Schritt mit den neuesten Erkenntnissen der Wissenschaft.

Vielleicht hat Ihnen schon einmal jemand gesagt, daß Blasenkatarrh und Erkrankungen der Harnwege von Trockenfutter verursacht werden. Das stimmt nicht. Einer gesunden Katze können Sie jedes beliebige Trockenfutter geben. Wenn eine Katze allerdings akut an Blasenkatarrh oder einem anderen Harnweginfekt leidet, wäre Trockenfutter zu grob und darf nicht mehr gefüttert werden.

Führen Sie die vom Tierarzt verschriebene Behandlung solange durch, wie er es angeordnet hat. Hören Sie nicht mit den Tabletten auf, weil Sie denken, daß die Katze wieder gesund ist. Es gibt Erkrankungen der Harnwege, bei denen die Medikamente sehr lange, manchmal sogar lebenslang gegeben werden müssen.

Abgesehen von der Einnahme der Medikamente muß die Katze sehr viel Wasser aufnehmen. Wenn Sie das Gefühl haben, daß die Katze nicht genügend trinkt, konsultieren Sie den Tierarzt; eventuell können Sie ihr zusätzlich Flüssigkeit mit einer Pipette oder einer Plastikspritze einflößen.

Würmer und sonstige Parasiten

Die häufigsten Plagegeister von Katzen sind Katzenspulwürmer, Hakenwürmer und Bandwürmer.

Katzenspulwürmer werden sechs bis zehn Zentimeter lang und leben im Dünndarm. Ihre Anwesenheit kann oft über abgegangene oder erbrochene Würmer festgestellt werden oder durch den Nachweis der typischen Eier im Kot. Sie sind die häufigsten Wurmparasiten von Katzen. Die Infektion erfolgt auf unterschiedliche Weise, meist aber bei neugeborenen Kätzchen durch die Muttermilch, die Larven des Spulwurms enthält. Ein Teil der Larven gelangt nämlich im Körper des Muttertieres vom Magen aus (weil infektiöse Eier verschluckt wurden) in die Lungen und von da in den arteriellen Blutkreislauf, wobei sie sich im gesamten Organismus verteilen. Die meisten Larven kapseln sich schließlich in der Körpermuskulatur ab, werden indes während der Trächtigkeit wieder aktiv und führen über die Muttermilch zur Ansteckung der Jungen.

Entgegen einer weitverbreiteten Ansicht sind ein aufgeblähter Bauch und ein rauhes, trockenes Fell noch keine untrüglichen Anzeichen für Würmer. Auch wenn die Katze auf dem Hinterteil durch den Raum rutscht, deutet dies möglicherweise auf Würmer oder aber auf verstopfte Analdrüsen hin. Bei einer von Katzenspulwürmern befallenen Katze sind oft keine Symptome zu bemerken; manchmal freilich hat sie Durchfall oder niest und hustet. Jungkatzen, die befallen wurden, neigen zum Kümmern und können rachitische Beschwerden haben. Neben dem geschilderten Entwicklungsweg der Larven gibt es noch zwei andere; überdies ist eine Übertragung durch das Verzehren von Mäusen möglich.

Von einem neuerworbenen Kätzchen nimmt man besser erst einmal an, daß es Katzenspulwürmer oder andere Würmer hat, und läßt den Stuhl untersuchen. Als Züchter sollten Sie daran denken, daß Ihre Katze sich eventuell ansteckt, wenn sie den Zwinger oder die Katzentoilette mit dem Deckkater teilt. Da nur gesunde Katzen entwurmt werden dürfen und der Gesundheitszustand junger wie älterer Tiere am besten vom Tierarzt beurteilt werden kann, sollte dieser unbedingt beigezogen werden.

Wenn Sie Katzen züchten und die Kosten für die tierärztliche Entwurmung jedes Wurfs recht beträchtlich sind, besteht kein Grund, warum Sie nicht mit dem Tierarzt darüber sprechen und ein Entwurmungsprogramm ausarbeiten können, das sich zu Hause durchführen läßt. Denken Sie aber immer daran, daß die Würmer nur dann zuverlässig beseitigt werden, wenn Sie den Anordnungen des Arztes Folge leisten. Andernfalls würde eine Wurmkur mehr Schaden als Nutzen stiften.

Die andere häufig vorkommende Wurmart ist der Bandwurm, von dem mehrere Arten bei Katzen vorkommen. Vom Wurmkörper des typischen Katzenbandwurms brechen gelegentlich winzige Segmente ab, die ausgeschieden werden und aussehen wie kleine Stückchen von rohen Reiskörnern. Wenn die Katze erheblich Gewicht verliert oder Beschwerden hat, ist der Bandwurm schädlich. Viele Katzen haben allerdings ihr ganzes Leben lang einen Bandwurm und leiden unter keinerlei schädlichen Nebenwirkungen.

Mittel gegen Bandwürmer helfen oft nicht sogleich oder wirken nur beschränkt. Solange der Kopf nicht getötet und ausgeschieden wird, lebt der Wurm in der Katze weiter. Die Bekämpfung ist von Anfang an durch den Tierarzt auszuführen oder hat zumindest unter seiner Aufsicht zu geschehen, zumal die Wahrscheinlichkeit groß ist, daß die Katze sich bald wieder ansteckt – entweder über Futter, das stehen geblieben ist, oder über Flöhe und Fliegen. Je nachdem muß deshalb gleichzeitig eine Flohbekämpfung durchgeführt werden.

Kokzidien sind Parasiten, die die Eingeweide und den Verdauungsapparat von Katzen und anderen Tieren befallen. Die Krankheit heißt Kokzidiose (oder Coccidiose). Alle Katzen haben Kokzidien in mehr oder weniger großem Umfang, aber den meisten machen sie nichts aus. Bei jungen Katzen dagegen kann es zu schweren Erkrankungen kommen, die tierärztlich behandelt werden müssen. Das häufigste Symptom für Kokzidiose ist Durchfall, wobei der Stuhl manchmal grau aussieht und ätzend riecht. Wenn ein Kätzchen nicht nur Kokzidien, sondern auch noch Würmer hat, kann es eingehen, wenn es nicht entsprechend behandelt wird. Die Gefahr der Ansteckung oder Wiederansteckung mit Würmern und Kokzidien läßt sich durch hygienische Maßnahmen verringern. Lassen Sie feuchtes Katzenfutter nie längere Zeit herumstehen, weil sonst Fliegen ihre Eier darin ablegen können. Und reinigen Sie die Katzentoilette jeden Tag gründlich mit heißem Wasser!

Eine nicht zu übersehende Hautkrankheit ist die Mikrosporie, die von Pilzen verursacht wird. Meist fallen der Katze in einem kleinen runden Fleck, gewöhnlich im Gesicht oder an den Ohren, die Haare aus. Manchmal ist es aber auch nur eine winzige Stelle, die wie ein kleiner Biß aussieht. Weitere Symptome kann am besten der Tierarzt mit seiner diagnostischen Ausrüstung feststellen. Zur Behandlung von Mikrosporie gehört, daß die befallene Katze isoliert und ihr mit fester Nahrung zusammen Griseofulvin verabreicht wird. Je nach Schwere der Erkrankung muß das Tier zudem mit Mitteln gegen den betreffenden Hautpilz, von denen es verschiedene gibt, gebadet oder örtlich behandelt werden. Hilfreich ist auch das Scheren zumindest der veränderten Hautpartien. Für eine erfolgreiche Therapie muß die unmittelbare Umgebung der Katze (Lager, Toilette, Pflegeutensilien usw.) gründlich gereinigt und desinfiziert werden.

Wenn eine Katze befallen ist, die Junge erwartet, darf sie nicht mit Griseofulvin behandelt werden, da sonst die Jungen mißgebildet zur Welt kommen könnten.

Die Pflege der kranken Katze

Nach Ansicht der meisten Tierärzte sind die Heilungsaussichten bei einer kranken Katze besser, wenn sie zu Hause gepflegt wird. Ein Klinikaufenthalt ist nur ratsam, wenn lebenswichtige Funktionen davon abhängen. Wie kommt das? Es kommt daher, daß die meisten Katzen sehr schnell den Lebenswillen verlieren, wenn sie aus ihrer gewohnten Umgebung genommen werden. Eine Katze braucht die Gegenwart ihrer Familie, der gewohnten Möbel und die entspannte Atmosphäre, die sie nur zu Hause findet.

Einer kranken Katze verschreibt der Tierarzt wahrscheinlich ein Medikament in Form von Tabletten, Pulver, Kapseln oder einer Flüssigkeit. Wie aber bringt man die Katze dazu, sich die jeweilige Behandlung gefallen zu lassen?

Wenn es sich um Tropfen handelt, füllt man die richtige Menge in eine Pipette für Augentropfen und schiebt die Pipette seitlich zwischen Ober- und Unterkiefer ins Maul. Wenn man versucht, die Tropfen frontal zu verabreichen, geht das meiste daneben. Sträubt die Katze sich, kann man doch wenigstens die Oberlippe anheben, so daß die Zähne sichtbar werden, und die Spitze der Pipette zwischen die Zähne schieben. Dann hält man ihr das Maul zusammen, bis sie das Medikament geschluckt hat. Schluckt sie nicht, so daß die Flüssigkeit wieder aus dem Maul herausläuft, oder bildet sich Schaum, versucht man, die Tropfen mit ein wenig Sahne, Hühnerbrühe oder einer anderen Flüssigkeit, die der Katze normalerweise schmeckt, zu versetzen, und verabreicht sie wieder mit der Pipette. Wenn es auch so nicht geht, versucht man es damit, die Tropfen mit einem Lieblingsfutter zu vermischen, das man der Katze so weit hinten wie möglich in den Rachen schiebt.

Ein Medikament in Pulverform läßt sich in jeder beliebigen Flüssigkeit auflösen und mit der Pipette verabreichen. Ebenso kann man es ins Futter mischen. Man sollte aber immer nur sehr wenig Futter mit dem Medikament versetzen, damit man sicher sein kann, daß auch alles aufgenommen wird.

Diese beiden Methoden sind verhältnismäßig einfach, doch geht es um die Verabreichung von Gelatine-Kapseln, kann es echte Schwierigkeiten geben. Mir jedenfalls geht es so! Erstens einmal bleiben mir die Kapseln an den Fingern kleben, und zweitens sind die meisten auch ziemlich groß. Ein einziges Mal versuche ich, die Kapsel so weit hinten im Rachen der Katze zu plazieren, daß sie hinunterrutscht. Manchmal rutscht sie besser, wenn man sie vorher mit Butter einreibt. Wenn dieser erste Versuch nicht klappt, mache ich die Kapsel auf und mische den Inhalt mit Futter oder einer Flüssigkeit. Es hilft einer kranken Katze sicher nicht sehr, wenn ich mich auf einen Kampf einlasse und sie mit meinen Versuchen, ihr gewaltsam eine Kapsel einzugeben, aus der Ruhe bringe.

Für die Verabreichung von Kapseln oder Tabletten gibt es einen Trick. Die meisten Katzen leisten sogleich Widerstand und fangen zu kämpfen an, wenn man sie auf dem Schoß festhält oder sich über sie beugt. Sie fühlen sich dann bedroht. Ich habe festgestellt, daß jede Katze sitzen bleibt, wenn man sie etwa in Hüfthöhe auf einen Unterschrank, eine Theke oder Kommode setzt. Ich kann ihr dann mit einer Hand das Maul öffnen und mit der anderen die Tablette so weit wie möglich nach hinten in den Rachen legen, ohne daß die Katze würgt. Ich halte ihr den Kopf nach oben, schließe die Kiefer und ziehe die Haut an der Kehle leicht nach außen. Dadurch vergrößert sich die Schlundöffnung, und die Tablette rutscht hinunter.

Jahrelang verabreichte ich meinen Katzen Tabletten, hielt ihnen dann das Maul zu und streichelte ihnen die Kehle (wie ich es bei Hunden gelernt hatte). Und fast immer fand ich eine Stunde später die Tabletten feinsäuberlich hinter einem Stuhl deponiert. Die Katzen hatten die Tabletten einfach im Maul behalten, bis ich sie losließ, und dann ausgespuckt! Eines Tages beobachtete ich, wie mein Tierarzt eine Tablette verabreichte und die Haut an der Kehle nach außen zog. Seither mache ich das gleiche und habe nie wieder Probleme gehabt.

Wenn die Tablette aber gar nicht rutschen will, zerdrücken Sie sie am besten mit einem Löffelrücken, mischen sie unter das

Futter oder geben sie in eine Flüssigkeit. Versuchen Sie jede Aufregung zu vermeiden und lassen Sie vor allem die Katze nicht von einem Dritten festhalten, während Sie die Tablette verabreichen. Die Katze regt sich sonst nur auf und wird sich das nächste Mal noch heftiger gegen die Verabreichung sträuben.

Geben Sie der kranken Katze die verordnete Medizin täglich zur gleichen Zeit in der richtigen Dosierung. Man kann aber noch mehr für ihr Wohlbefinden tun und ihr beispielsweise in einem ruhigen Teil der Wohnung oder des Hauses ein warmes, gemütliches Ruheplätzchen schaffen. Als vorbeugende Maßnahme gegen Schock kann man ein Heizkissen hinlegen, das aber auf jeden Fall auf kleinste Stufe geschaltet und mit einem Handtuch bedeckt sein muß.

Bei einer Infektion der Atemwege kann man der Katze Nasentropfen für Kleinkinder verabreichen. Eine erkältete Katze sollte man fast wie ein erkältetes Kind behandeln: Wischen Sie ihr mehrmals am Tag die Nase mit einem Papiertuch ab und tupfen Sie Vaseline auf die Nase, wenn sie wund wird. Weitere Mittel und Methoden kennt Ihr Tierarzt, den aufzusuchen ohnehin ratsam ist. Bevor man vom Arzt verschriebene Augentropfen verabreicht, badet man die Augen mit einem in warmes Wasser getauchten Wattebausch. In schweren Fällen erleichtert ein Luftbefeuchter die Atmung. Lassen Sie dann aber die Tür offen und schalten Sie den Luftbefeuchter nicht länger als eine Stunde ein; die Feuchtigkeit könnte sonst der Lunge abträglich sein.

Bei hohem Fieber kann man, wenn der Tierarzt nicht gleich erreichbar ist, die Katze in ein Handtuch wickeln und dieses immer wieder mit Wasser aus einer Sprühflasche befeuchten. Das Zimmer muß natürlich warm und frei von Zugluft sein.

Wichtiger noch als Futter ist Wasser. Kranke Katzen trocknen sehr schnell aus (Exsikkose), was ihren Zustand rapide verschlechtert. Wenn die Katze von allein kein Wasser aufnimmt, kann man es ihr mit der Pipette oder einer Plastikspritze verabreichen. Plastikspritzen kann man in Apotheken in verschiedenen Größen kaufen. Bis die Katze wieder von allein trinkt, träufelt man ihr alle zwei Stunden Wasser ein.

Wenn man eine Katze von Hand füttern will, hält man sich am besten an weiche Nahrung wie etwa feinpassiertes Fleisch für

Kleinkinder. Man kann auch ein Lieblingsfutter durch den Fleischwolf drehen. Den Futterbrei legt man der Katze an den oberen Gaumen, gleich hinter den Vorderzähnen, so daß sie ihn nicht ausspucken kann. Will sie nicht schlucken und läßt den Brei zwischen den zusammengehaltenen Zähnen wieder hinauslaufen, spült man mit Wasser nach oder versucht, ihn mit der Plastikspritze zu verabreichen. Mit der Spritze kann man mit Wasser vermischtes Futter leicht aufziehen, und die Spitze ist so schmal, daß man sie auch zwischen zusammengebissene Zähne einführen kann.

Die meisten Katzen wollen indes einfach nicht fressen, wenn es ihnen sehr schlecht geht, und so befindet sich im Endeffekt vielleicht mehr Futter an Ihnen als in der Katze. Fragen Sie in diesem Fall Ihren Tierarzt nach einem Produkt namens Esbilac, das nicht nur alle erforderlichen Vitamine und Mineralstoffe, sondern auch die nötigen Kalorien enthält.

Wenn es der Katze wieder ein bißchen besser geht, wird sie auch eher Appetit haben. Aber denken Sie immer noch daran, daß es wichtig ist, die Katze nicht unnötig aufzuregen, solange sie noch schwach ist. Wenn sie feste Nahrung nicht schlucken mag, ist es für Sie beide einfacher, zweimal am Tag auf Esbilac zurückzugreifen. Milch oder Sahne gebe ich meinen Katzen nicht (beides führt bei vielen Tieren zu Durchfall); Quark hingegen bleibt ohne unliebsame Nachwirkungen. Wenn sehr kleine Kätzchen, die noch kein Esbilac vertragen, krank werden, kann man ihnen Ziegenmilch mit der Pipette füttern und darin sogar Medikamente auflösen.

Ferner gibt es spezielle Katzennährmilchpräparate wie Cimi-lac und Ipevet, die der Zusammensetzung der natürlichen Katzenmilch sehr nahe kommen. Ersatzmilch läßt sich auch mit einer halben Tasse Vollmilch, einem hartgekochten Ei und einem Teelöffel Kalziumkarbonat zubereiten. Die Vitaminmischung für Katzen wird dabei gemäß Dosierungsvorschrift in einem Mixer gemischt (nach «Katzenkrankheiten/Klinik und Therapie», herausgegeben von W. Kraft und U. M. Dürr, Hannover 1978).

Langwierige Sitzungen mit Kamm und Bürste sollte man einer kranken Katze besser ersparen, aber oft hilft es, ihr mit einem feuchtwarmen Tuch leicht das Gesicht abzureiben. Vergessen Sie aber auch das andere Ende nicht; wenn eine Katze sehr krank ist, leckt sie sich auch nicht mehr unter dem Schwanz. Die Katze wird sich wohler fühlen, wenn sie sauber ist, und das seelische Wohlbefinden ist für eine baldige Heilung ebenso wichtig wie das körperliche. Gehen Sie sanft mit einer kranken Katze um, sprechen Sie leise und freundlich mit ihr, und lassen Sie sie fühlen, wieviel Ihnen an ihr liegt. Lassen Sie sie aber abgesehen von den Zeiten, in denen Sie Medikamente verabreichen, füttern oder sauber machen, allein, denn sie braucht zur Erholung sehr viel Ruhe.

Die Aufmerksamkeit und Zuwendung, die eine Katze zu Hause erfährt, weckt sehr oft wieder ihren Lebenswillen, während ein Tierarzt nicht viel mehr tun kann, als Medikamente zu verabreichen und ihr lebenswichtige Flüssigkeit zuzuführen. Es ist natürlich sehr einfach, die Katze in der Tierklinik zu lassen, wenn Sie sich keine Mühe machen wollen, doch bei einem längeren Aufenthalt in der Klinik laufen Sie Gefahr, Ihre Katze zu verlieren. Die meisten Tierärzte sind sich dessen bewußt und befürworten eine Pflege zu Hause.

Ihre Stimme auf Band für Ihre Katze in der Klinik

Eine ältere Dame mußte gleichzeitig mit ihrer Katze ins Krankenhaus. Die Katze war sechzehn Jahre alt, und obwohl sie physisch auf die Medikamente ansprach, vermißte sie ihr Frauchen derart, daß sie nichts mehr fraß. Mein Tierarzt gab ihr unter diesen Umständen nur noch ein paar Tage zu leben.

Als die Besitzerin davon hörte, wie schnell es mit ihrer Katze bergab ging, bat sie eine Freundin, ihr ein Bandgerät ins Krankenhaus zu bringen. Dann besprach sie ein Band von einer halben Stunde Dauer. Als ob sie mit ihrer Katze zu Hause wäre und der Tag gerade begonnen hätte, sagte sie als erstes: «Misty, du kitzelst mich. Was ist denn? Oh, Zeit zum Aufstehen. Na schön, dann wollen wir mal in die Küche gehen und nachsehen, was es heute zum Frühstück für uns beide gibt.» So unterhielt sie sich weiter mit ihrer Katze, als ob sie beide zu Hause wären. Das Band ließ sie dann von der Freundin in die Tierklinik bringen.

Der Tierarzt, der diese Klinik leitet, duldet in der Abteilung für schwerkranke Tiere niemand außer dem Personal. Sie können sich den Schock vorstellen, den es für ihn bedeutete, die Stimme einer älteren Dame aus jenen geheiligten Räumen zu hören! Sobald er mit seiner Untersuchung fertig war, eilte er in die betreffende Abteilung – und sah niemanden. Die geschwätzige Stimme füllte aber weiter den Raum.

Dann fielen seine Augen auf Mistys Käfig. Misty war tagtäglich schwächer geworden, bis sie sich nicht einmal mehr auf den Beinen halten konnte. Einen Augenblick dachte er, eine Assistentin hätte die Käfige vertauscht. Vor ein paar Stunden erst hatte er Misty unbeweglich, mit trübem Blick, dort liegen sehen. Nun stand diese Katze nicht nur, sondern machte einen Buckel, rieb sich an den Gitterstäben und schnurrte mit weitoffenen, aufmerksamen Augen – nur weil sie dachte, ihre Besitzerin sei da und spräche mit ihr.

Unsere Katzen brauchen uns nämlich nicht unbedingt zu sehen, um zu wissen, daß wir da sind. Meine eigenen Katzen kommen oft den ganzen Tag kaum aus ihren Lieblingswinkeln im ganzen Haus zum Vorschein. Sie wissen aber, daß ich bei ihnen bin; sie hören meine Stimme den ganzen Tag. Auch Misty brauchte ihr Frauchen nicht zu sehen. Die Stimme allein, die zu ihr sprach, überzeugte Misty schon davon, daß sie nicht allein und ihr Frauchen in der Nähe war. Von diesem Tag an ließ sich Misty von Hand füttern, und ihre Lebensgeister erwachten wieder. Zum Schluß waren sie und ihr Frauchen wieder glücklich vereint zu Hause.

Wenn Sie je in eine ähnliche Situation geraten, hilft dieses einzigartige Mittel vielleicht auch Ihrer Katze, sich schneller wieder zu erholen.

6 Die Pflege der älteren Katze

Bei einer jüngeren Katze genügt eine jährliche Untersuchung durch den Tierarzt, eine ältere aber sollte zumindest alle sechs Monate dem Tierarzt vorgestellt werden. Nur er kann die ersten Anzeichen von Leiden wie Nierenversagen, Leberschaden, Herzfehler und Tumore erkennen. Bei diesen halbjährlichen Untersuchungen kann gleichzeitig auf entzündetes Zahnfleisch und Zahnstein geachtet werden.

Bei älteren Katzen wird häufig der Geruchssinn schwächer. Das klingt vielleicht trivial, ist aber sehr wichtig, weil Katzen Futter, das sie nicht zuerst beriechen können, oft ablehnen. Wenn Ihnen also auffällt, daß die Katze weniger Appetit hat oder anfängt heikel zu werden, garnieren Sie einmal das Futter mit ein bißchen starkriechendem Fisch. Dieser Geruch dringt selbst zu einem abgeschwächten Riechorgan vor und wirkt möglicherweise appetitanregend. Dieser Trick hilft ebenfalls, wenn eine Katze auf Diätfutter gesetzt wurde.

Ältere Katzen können auch oft nicht mehr so gut sehen oder werden gar blind. Denken Sie nicht, daß dies nur ein Zeichen für Altersschwäche ist, das nichts zu bedeuten hat. Lassen Sie die Augen auf jeden Fall vom Tierarzt untersuchen. Vielleicht lassen die Augen einfach allmählich nach; es kann aber auch etwas sein, das man behandeln kann oder ein Anzeichen für eine Erkrankung ist.

Viele ältere Leute leiden unter Arthritis, und Katzen sind keine Ausnahme. Arthritische Katzen schlafen mehr, bewegen sich langsam und steif und können nicht mehr so geschmeidig springen. Der Tierarzt kann einiges dagegen tun, von der Verabreichung von Medikamenten bis zur Akupunktur.

Eine Katze, die plötzlich anfängt zu würgen, zu keuchen oder zu husten, muß auf jeden Fall zum Tierarzt. Vielleicht ist es nur ein Haarballen, es kann sich aber auch um Asthma oder sogar einen Herzfehler handeln.

Auch Katzen bleiben vor einer der Hauptalterskrankheiten nicht verschont – Nierenleiden in den verschiedensten Formen. Wenn Sie Ihre Katze gut im Auge behalten, merken Sie auch, wenn die Katze Ihnen zu verstehen gibt, daß etwas nicht stimmt. Luv, meine älteste Katze, machte mich auf ihr Nierenleiden dadurch aufmerksam, daß sie auf einen Lederstuhl sprang und vor meinen Augen ausgiebig Wasser ließ. Da ich nicht ganz so schlau bin wie sie, brauchte ich einen Tag oder zwei, bis mir aufging, daß Luv dies wohl deshalb vor meinen Augen (statt auf der Katzentoilette) tat, weil sie wollte, daß ich es sehe und etwas für sie tue.

Ein andermal suchte Luv die Katzentoilette sehr häufig auf, preßte mühsam, gab aber nur ein oder zwei Tropfen von sich. Ehrlich gesagt fielen mir die häufigen Besuche im Sandkistchen erst nicht auf; ich merkte lediglich, daß sie die Nähe der anderen Katzen mied. Sie war immer für sich, hockte auf einer Armlehne oder auf dem obersten Brett des Kratzpfostens, und dieses ungewöhnliche Verhalten brachte mich schließlich dazu, sie zum Tierarzt zu bringen, der eine Blasenentzündung feststellte und mit Erfolg behandelte. Ich bin dafür, daß man seine Katze oder Katzen beobachtet und nicht abwartet, bis sie als Beweis dafür, daß etwas nicht in Ordnung ist, nicht mehr fressen oder Fieber bekommen.

Ich habe gelesen, Mundgeruch sei ein Zeichen für eine körperliche Störung. Das mag manchmal stimmen, es muß aber nicht, besonders wenn die Katzen hauptsächlich mit rohem Fleisch und Innereien gefüttert werden. Trotzdem muß man der Katze von Zeit zu Zeit ins Maul sehen. Ist das Zahnfleisch rot und wund? Sind Zähne verfault? Hat sich Zahnstein gebildet? (Sie sollten ihn in regelmäßigen Abständen vom Tierarzt entfernen lassen.) Auch diese Gründe können dazu führen, daß eine Katze immer weniger frißt.

Penny Lane, die kastrierte Burmakatze meiner Freundin, wurde so dünn, daß es schon bedrohlich war. Der Tierarzt stellte fest, daß einige Zähne faul waren und gezogen werden mußten. Innerhalb von drei Monaten hatte Penny Lane wieder soviel zugenommen, daß sie kaum wiederzuerkennen war! Wir hoffen, daß sie noch viele Jahre gesund und glücklich bei uns bleibt.

Verstopfung ist nichts Ungewöhnliches für eine ältere Katze. Der Tierarzt verschreibt meist ein Mittel, das reich an Ballaststoffen ist und unter das Futter gemischt wird. Einer leichteren Verstopfung kann man mit Milch, Ölsardinen oder Schlagsahne abhelfen; in hartnäckigeren Fällen wage man einen Versuch mit Leinsamen. Bei chronischer Verstopfung hilft oft Kleie, die ins Futter gemischt wird und den Ballaststoffanteil erhöht, was auf die Darmtätigkeit anregend wirkt. Schließlich stehen auch Abführmittel auf pflanzlicher Basis wie zum Beispiel Agiolax zur Verfügung. Manchmal hilft auch zusätzliches Eigelb oder feinpassiertes Fleisch. Was am besten die Verstopfung behebt, muß jeder Katzenbesitzer selber ausprobieren, wobei natürlich zu beachten ist, daß auch in dieser Beziehung jede Katze individuell reagiert.

Am wichtigsten ist es wohl, einer älteren Katze bei der Körperpflege zu helfen. Katzen sind gern sauber und ordentlich, aber älteren scheint die Körperpflege schwer zu fallen. Tägliches Kämmen und Bürsten trägt zu ihrem Wohlbefinden bei und verringert auch das Problem der Haarballen, das ernstere Folgen haben könnte. Bei älteren Katzen wird das Fell dicker und trockener, so daß sie beim Putzen mehr Haare aufnehmen, die nicht so leicht wieder ausgeschieden werden. Sicherheitshalber kann man älteren Katzen einmal in der Woche ein Mittel gegen Haarballen geben, notfalls tut es auch Vaseline.

Einer älteren Katze fällt es vielleicht auch schwer, den Bereich unter dem Schwanz und das Gesicht sauber zu halten. Helfen Sie in diesem Fall mit einem in lauwarmes Wasser getauchten Waschlappen nach. Katzen sind sich dessen sehr bewußt, ob sie gut aussehen; deshalb trägt es zu ihrem Wohlbefinden bei, wenn Sie ihnen bei der Körperpflege helfen, und das wiederum hilft ihr Leben verlängern.

Die meisten Katzen mögen es warm, aber ältere Katzen scheinen Wärme noch mehr zu brauchen. Versuchen Sie also, ihnen wenn möglich warme, zugfreie Plätzchen zu schaffen.

Durch Streß, wie ihn zum Beispiel ein Umzug mit sich bringt, werden manche Krankheiten verschlimmert. Wenn ein Umzug unvermeidlich ist, sollten Sie zumindest versuchen, ältere Katzen so schnell wie möglich wieder in eine geordnete Umgebung und unter vertraute Einrichtungsgegenstände zu bringen. Auch wenn

Sie mit dem Umzug mehr als beschäftigt sind, können Sie ihnen das Gefühl der Unsicherheit leichter machen, wenn Sie sich in der ersten Zeit besonders um sie kümmern.

Um es noch einmal zusammenzufassen: Halbjährliche Untersuchungen (mit den erforderlichen Auffrischungsimpfungen), Beistand bei der Körperpflege und vor allem ständiges Aufpassen auf allfällige Verhaltensänderungen, die einen Besuch beim Tierarzt ratsam erscheinen lassen, tragen dazu bei, das Leben Ihrer Katze länger und schöner zu machen.

7 Zeichen der Zuneigung, Schnurren und Treteln

Zeichen der Zuneigung

Susan beschrieb mir in einem Brief das Verhaltensproblem ihres Katers, der sich nie streicheln oder auf den Arm nehmen ließ, aber neben ihrem Kopf schlief, ihr auf den Fersen durchs ganze Haus folgte und immer dicht neben ihr saß. Wenn sie ihn hochnehmen wollte, schrie er, und wenn sie versuchte, ihn zu streicheln, ging er gerade so weit zur Seite, daß sie ihn nicht mehr erreichen konnte. Niemand hatte ihm je wehgetan, aber schon als ganz kleines Kätzchen wollte er sich nie halten lassen.

Ich mußte Susan berichtigen: Ihr Kater hatte keineswegs ein Verhaltensproblem. Vielmehr ist jede Katze ein Einzelwesen, und jede verhält sich dem Besitzer gegenüber anders. Selbst bei Geschwistern aus demselben Wurf zeigt sich, daß jedes seine eigene Persönlichkeit hat, die sich von der der anderen unterscheidet. Ich ziehe alle meine Katzen mit gleicher Liebe und Sorgfalt auf, aber es kann vorkommen, daß ein Kätzchen mich eines Tages anfaucht, ein anderes mich plötzlich anschaut, als hätte es mich noch nie gesehen, und vor mir unters Sofa flüchtet, während andere mir unter freudigem Miauen entgegenlaufen, mir in die Arme springen – oder an meinen bloßen Beinen hinaufklettern.

Diese Reaktionen lassen sich durchaus mit denen von Kindern einer Familie vergleichen. Manche sind schüchtern, andere mürrisch, wieder andere mitteilsam und entgegenkommend. Das gleiche gilt für Katzen. Sie sind alle verschieden, und man kann sie nicht alle mit derselben Elle messen.

Da ist zum Beispiel Luv, die einmal am Tag vor Zärtlichkeit schmilzt und dann bis zum Abend verschwindet. Ein paar andere klettern wie die Eichhörnchen auf mir herum, bis ich eins davon zu fassen bekomme und streichle. Dann will sie schleunigst von meinem Arm herunter! Andere haben einen anstrengenden Tag, weil sie mich von Ort zu Ort verfolgen müssen. Einmal taucht mein Schoß an der Schreibmaschine auf, dann wieder im Schlafzimmer oder im Wohnzimmer auf dem Sofa, und diese alten Getreuen rappeln sich immer wieder auf und wandern mir nach, bis sie sich wieder auf meinem Schoß niederlassen können.

Am meisten Ähnlichkeit mit Susans Kater aber hat Shawn, ein zwölfjähriger kastrierter Russisch-Blau-Kater. In all den Jahren ist es mir nie gelungen, ihn hochzunehmen oder auf meinem Schoß festzuhalten. Er schreit nicht nur, wenn er festgehalten wird, sondern zuckt nervös mit den Ohren und leckt sich die Lippen, als ob ihn ein Schicksal erwarte, schlimmer als der Tod! Wenn ich dagegen nicht versuche, ihn «gefangen zu nehmen», macht er es sich in meinem Schoß gemütlich, tretelt meine Kleider zu Fetzen und schnurrt wie ein Uhrwerk. Hochgenommen oder auf dem Schoß festgehalten zu werden, ist für ihn aber nach wie vor ein Alptraum. Mir bleibt nichts anderes übrig, als ihn so zu nehmen, wie er nun einmal ist, und ich kann gar nicht mehr zählen, wieviele wunderbare Stunden wir auf diese Weise schon miteinander verbracht haben.

Man sollte Tiere nie zu etwas zu zwingen versuchen, was sie erschreckt. Susans Kater zeigt seine Zuneigung auf die einzige ihm mögliche Art, indem er ihr überallhin folgt, neben ihr sitzt und neben ihrem Kopf schläft. Genau genommen zeigt er mehr Zuneigung als meine Luv, die einmal am Tag zärtlich ist und dann erst zum Abendessen wieder auftaucht! Das Beste ist, sich nach der Reaktion der Katzen zu richten und sie einfach mitsamt – oder trotz – ihrer Unterschiede zu akzeptieren.

Schnurren

Eine Dame aus Nebraska machte sich Gedanken über ihre zwei kastrierten Kater. Sie waren Brüder aus demselben Wurf, und der kleinere schnurrte so laut, daß sie ihn quer durchs Zimmer hören konnte. Der größere dagegen schnurrte so leise, daß sie das Ohr auf seine Brust legen mußte, um ihn zu hören. Sie machte sich Sorgen darüber, ob dem größeren Kater vielleicht körperlich etwas fehlte, weil er so leise schnurrte. Ich schrieb ihr, daß das Schnurren sozusagen in allen Variationen vorkommt; es kann fast tonlos sein, es kann sich aber auch bis zum lauten Schnarchen oder Raspeln steigern. Es gibt sogar Katzen, die das Schnurren überhaupt nicht lernen, und andere wiederum schnurren so heftig, daß ihnen die Spucke am Kinn herunterläuft oder sie wahre Hustenanfälle bekommen!

Es heißt, Katzen schnurrten nur, wenn sie glücklich sind. Katzen schnurren aber auch, wenn sie scheu oder ängstlich sind. Viele Leute haben schon erlebt, daß Katzen schnurren, wenn sie sterbend im Arm ihrer Besitzer liegen, und das habe ich mit meiner Onlei The Lonlei ebenfalls erlebt.

Machen Sie also nicht den Fehler zu glauben, eine schnurrende Katze müsse immer zufrieden und ausgeglichen sein. Auf Katzenausstellungen kommt es immer wieder vor, daß eine schnurrende Katze – ohne jede Vorwarnung – auf den Richter losgeht und dem vor Schreck Erstarrten die Zähne ins Fleisch schlägt!

Katzen haben ihre eigenen Gründe, wenn sie schnurren. Nehmen Sie also das Schnurren einfach hin und machen Sie sich keine Gedanken darüber, wie laut oder wie leise es ist.

Treteln

«Treteln» wird eine Bewegung der Vorderpfoten genannt, die an das Kneten von Teig erinnert. Der Instinkt, der dem Treteln zugrunde liegt, hat jedoch nichts mit Backen zu tun. Er ist ein Überbleibsel aus der Kindheit der Katze: junge Kätzchen kneten so die Zitzen der Mutter, um die Milch zum Fließen zu bringen.

Man kann bei kleinen Kätzchen schon genau die gleichen Bewegungen, das Biegen und Stoßen der Vorderpfoten, beobachten wie bei den ausgewachsenen Katzen. Es ist vergleichbar mit dem Daumenlutschen – auch dies ist ein Instinkt aus der Zeit, als der Säugling noch an seiner Flasche nuckelte.

Bei den meisten Katzen bedeutet das Treteln, daß sie besonders glücklich sind und ihre Freude und Zuneigung mit Ihnen teilen möchten. Das ist ihre Art mitzuteilen, daß sie sich sicher fühlen. Und es hat nichts mit dem Alter zu tun – das winzige Kätzchen tut es ebenso wie die Zuchtkatze und der in Ehren ergraute Kater. Treteln heißt: «Für mich ist die Welt in Ordnung.»

8 Flöhe, Desinfektions- und Insektenvertilgungsmittel

Flöhe

Für das Flohproblem gibt es keine einfache Lösung. Hilfe können nur eine Kombination verschiedener Mittel und wiederholte Anwendung bringen.

Zunächst einmal: Wenn Katzen ins Freie dürfen und dort Beute machen, ist es so gut wie ausgeschlossen, sie – und das Haus – von Flöhen freizuhalten. Sie kommen immer wieder aufs neue damit in Berührung und bringen sie immer aufs neue ins Haus.

Ein Flohhalsband ist so ziemlich das einzige, was einer Katze mit Auslauf im Freien gegen Flöhe hilft, und es ist auch durchaus zu empfehlen, wenn man gewisse Vorsichtsmaßnahmen beachtet. Es muß ein Flohhalsband sein, das speziell für Katzen empfohlen ist. Nehmen Sie es aus der Verpackung und lassen Sie es zwei oder drei Tage auslüften, bevor Sie es der Katze anlegen. Es darf nicht zu fest anliegen; zwei Finger sollten noch zwischen Hals und Halsband Platz haben. Beobachten Sie die Katze jeden Tag genau, ob sich Anzeichen einer Entzündung um den Hals zeigen, ob sie erbricht, speichelt, ihre Koordinationsfähigkeit einbüßt oder andere Anzeichen von ungewöhnlichem Verhalten aufweist, denn nicht jede Katze ist für das Tragen eines Flohhalsbandes geeignet.

Über die toxische Wirkung von Flohhalsbändern auf Katzen sind nämlich schon Untersuchungen angestellt worden. Manchen Katzen machen sie überhaupt nichts aus, andere dagegen sind im höchsten Maße allergisch darauf. Einige Untersuchungen haben ergeben, daß die Halsbänder bei einer bestimmten Kombination von Temperatur und Feuchtigkeit achtmal mehr Chemikalien abgeben als unter normalen Umständen. Auch wenn der Flohanhänger beim Trinken in die Wasserschüssel gerät, kann er vermehrt Chemikalien abgeben. Da jede Katze auf Chemikalien anders reagiert, kann man es also mit dem Halsband versuchen, sollte die Katze aber gut im Auge behalten. Ist das Halsband naß geworden, nimmt man es sofort ab und legt es erst wieder an, wenn es trocken ist.

Flohpuder und -sprays sind mit noch größerer Vorsicht zu verwenden. Für junge oder trächtige Katzen kommen sie nur in Frage, wenn sie ausdrücklich vom Tierarzt empfohlen sind. Selbst am sichersten Flohpuder für Jungkatzen sind schon Kätzchen eingegangen, weil manche einfach empfindlicher sind als andere und die Chemikalien nicht vertragen.

Verwenden Sie nie Flohpuder und -spray zusammen, ebensowenig wie eines von beiden zusammen mit einem Flohhalsband. Sie würden damit dem Körper der Katze die zwei- bis dreifache Menge an Chemikalien zuführen. Wenn Sie Sprays oder Puder verwenden, sollten Sie Ihrer eigenen Sicherheit und der Ihrer Katze zuliebe dafür sorgen, daß die Räume gut belüftet sind. Achten Sie wie bei den Flohhalsbändern genau auf irgendwelche Anzeichen von Unbehagen.

Es gibt auch Medikamente zum Eingeben, mit denen man das Flohproblem in den Griff bekommen kann. Solche Flohtabletten müssen vom Tierarzt verschrieben werden, aber auch dann ist auf etwaige schädliche Nebenwirkungen zu achten.

Bei im Haus gehaltenen Katzen genügt es für den Augenblick, sie zu baden und entweder mit einem Puder oder Spray gegen Flöhe zu behandeln. Aber die Flöhe kommen wieder! Es genügt nicht, die Tiere von den Flöhen zu befreien – auch das ganze Haus muß von den Flöhen gesäubert werden. Ausgewachsene Flöhe kann man mit einem Spray erledigen oder von einem Ungezieferbekämpfungs-Spezialisten ausräuchern lassen; im Larven- und Puppenstadium jedoch überleben sie in den kleinsten Ritzen, unsichtbar für das menschliche Auge. Um auch sie abzutöten, muß die Prozedur nach zwei Wochen wiederholt werden.

Ein Hausmittel, das schon oft geholfen hat, besteht darin, Teppiche und Möbel mit dem Staubsauger abzusaugen und frische Mottenkugeln in den Staubbehälter zu legen. Das Naphthalin in den Mottenkugeln tötet die Flöhe im Larvenstadium ab. Man darf Mottenkugeln- und -kristalle aber auf keinen Fall frei zugänglich im Haus verteilen. Das Naphthalin darin ist für Katzen schädlich oder sogar tödlich.

Auch ein Topf voll frischer Minze an allen Eingängen zum Haus hat sich oft als hilfreich erwiesen. Frische Pfefferminze in Ihrem Hof oder Garten hilft, Ihre Hunde und Katzen, die damit in Berührung kommen, frei von Flöhen zu halten.

Sehr beliebt ist auch, der Katze jeden Tag Bierhefe zu verabreichen. Man kann sie pulverisiert über das Futter streuen oder in Tablettenform als Häppchen verfüttern. Bierhefe verändert den Geruch des Blutes, so daß die Katzen auf Flöhe weniger anziehend wirken.

Tierärzte bestreiten zwar die Wirksamkeit dieser Hausmittel, doch wenn Sie unter einer Flohplage zu leiden haben und nichts anderes hilft, sollten Sie es einmal damit versuchen. Bierhefe hat sich meines Wissens schon bei Tausenden von Katzen bewährt; vielleicht nützt sie auch Ihrer Katze.

Desinfektions- und Insektenvertilgungsmittel

Für die meisten von uns ist übermäßige Speichelabsonderung ein Zeichen dafür, daß die Katze eine Vergiftung hat; es gibt aber auch noch andere Anzeichen. Eine Dame berichtete mir, sie habe ihren Kohl mit einem Insektenvertilgungsmittel besprüht, der auf dem Aufkleber ausdrücklich als für Tiere unschädlich bezeichnet wurde. In der Nacht regnete es, und das Wasser sammelte sich in den großen Blättern. Am nächsten Tag trank die Katze davon. Zu ihrem Glück konnte die Besitzerin ihren Weg bis zu den Kohlblättern zurückverfolgen, als sie sah, wie die Katze herumstolperte, hinfiel, aufsprang, sich wie wild gebärdete und ihre Körperfunktionen nicht mehr unter Kontrolle hatte. Dank dieser Beobachtung und sofortiger ärztlicher Hilfe überstand die Katze die Vergiftung, doch war sie schwer krank. Ein weiterer Beweis dafür, was aus einem «unschädlichen» Insektenmittel werden kann, wenn es sich in Wasser auflöst.

Viele sind verwirrt, wenn sie lesen, daß Bestandteile unserer beliebtesten Putzmittel (Teer und Karbolsäure) für Katzen schädlich bis lebensgefährlich sein können. Was sonst soll man nehmen? Ist Lysol ungefährlich? Nein! Auf andere Fragen gibt es leider keine so eindeutige Antwort, weshalb Sie in Zweifelsfällen vom Gebrauch der betreffenden Produkte absehen oder Ihren Tierarzt fragen sollten.

Weichen Sie nichts, womit Ihre Katze in Berührung kommen kann, mit solchen Mitteln ein. Viele von uns neigen dazu, irgendwelche Reinigungssprays derart im Übermaß zu verwenden, daß alles tropfnaß ist. Für Katzen kann es gefährlich werden, wenn in dem nassen Bereich zuviel von dem Reinigungsmittel enthalten ist. Nach der Anwendung solcher Mittel muß immer gründlich nachgespült und getrocknet werden. Ich kann nicht genug betonen, wie wichtig das ist. Natürlich müssen die Schlafplätze und die Katzentoiletten sauber und keimfrei gehalten werden, doch darf dadurch den Tieren nicht gleichzeitig Schaden zugefügt werden.

Auf eines möchte ich Sie allerdings noch aufmerksam machen, damit Sie nicht den gleichen Fehler machen wie ich. An einem Wintertag, als es zu kalt war, um die Fenster zu öffnen, rieb ich den Fußboden mit einem Reinigungsmittel ab. Ein paar Stunden später fiel mir auf, daß allen Katzen die Augen tränten und die Nase lief. Als ich die Katzen ins Wohnzimmer brachte, verschwanden die Symptome. Offensichtlich war der Geruch des Reinigungsmittels in dem geschlossenen Raum zu stark gewesen.

Mit Schädlingsbekämpfungsmitteln getränkte Streifen, die von der Decke hängen, sind sehr wirksam gegen Fliegen und weit verbreitet. Sie enthalten jedoch sehr starke Chemikalien und dürfen deshalb nicht in Räumen verwendet werden, in denen sich junge Kätzchen befinden (aus denselben Gründen sind sie auch für Säuglingszimmer verboten). Die Gefahr, die sie in geschlossenen Räumen für kleine Kätzchen bedeuten, ist groß: Ganze Würfe sind schon durch solche Chemikalien eingegangen. Sofern man die Kätzchen aber rechtzeitig in einen gut belüfteten Raum bringt, können sie sich innerhalb von ein, zwei Tagen wieder erholen. Da die ersten Anzeichen einer Vergiftung mit Chemikalien denen einer Infektion der Atemwege ähneln, kommt oft lange niemand auf die Idee, die Schuld bei dem Fliegenstreifen zu suchen, der so unschuldig von der Decke baumelt.

Richten Sie sich um der Sicherheit Ihres Katzennachwuchses willen deshalb genau nach den Anweisungen des Herstellers und verwenden Sie die Streifen nicht in geschlossenen Räumen. Und überhaupt nicht, wenn junge Kätzchen im Raum sind!

9 Babys, Schwangere und Katzen

Babys und Katzen

Der Glaube, daß sich Katzen auf Babys legen und sie ersticken, ist heute so verbreitet wie vor hundert Jahren und heute so lächerlich wie damals! «Wohlmeinende» Freunde und Verwandte dringen noch immer in zukünftige Eltern, ihre Katze wegzugeben, weil sie dem zu erwartenden Baby schaden könnte. Dieser Aberglaube sollte ein für allemal ausgeräumt werden.

Katzen müssen auf einen Zuwachs im Haus vorbereitet werden. Sie sind von Natur aus neugierig, und die neue Wiege, das Ställchen und all die anderen Sachen, die ins Haus kommen, interessieren sie brennend. Lassen Sie Ihre Katze alles genau untersuchen, damit die neuen Dinge vertraut werden.

Lassen Sie die Katze am Baby und an der Decke riechen, wenn Sie aus der Klinik nach Hause kommen, und holen Sie die Katze her, damit sie neben Ihnen sitzen und sich streicheln lassen kann, wenn Sie dem Baby die Brust oder die Flasche geben. Katzen brauchen jetzt vermehrte Zuwendung, damit sie sich nicht von dem Neuankömmling verdrängt fühlen. Wenn Sie das Baby in aller Eile durchs Haus ins Kinderzimmer tragen und dic Tür zumachen, sitzen alle Katzen unter Garantie aufgereiht vor der Tür und fragen sich, was wohl drinnen los ist! Nehmen Sie wenigstens jede Katze einzeln mit hinein, lassen Sie sie das Baby beriechen und damit ihre Neugierde befriedigen.

Ein anderer Vorschlag wäre, zusätzlich zu der Holztür eine mit einem Drahtgitter bespannte Tür machen zu lassen, die man in den Türrahmen einsetzen kann. Wenn der Raum dunkel und ruhig sein soll, damit das Baby schläft, schließen Sie einfach die Holztür. Ist das Baby wach, wird die Gittertür eingesetzt. So können die Katzen bis zur Tür kommen, das Baby sehen, hören und riechen, aber nicht ins Bettchen gelangen. Es gibt auch Babybettchen und Ställchen, die sich oben mit einem Drahtnetz verschließen lassen.

Denken Sie daran, daß jede Veränderung im Haus, wie es die Ankunft eines Babys ist, bei Katzen unangenehme Reaktionen hervorrufen kann. Sie mögen keine Veränderungen ihres gewohnten Lebens; manche verweigern das Fressen, andere erbrechen, und wieder andere (und das kommt sehr häufig vor) entfremden den Teppich zur Katzentoilette. Der Sinn ist, Aufmerksamkeit zu erwecken, weil sie sich verunsichert fühlen und eifersüchtig sind. Es ist deshalb sehr wichtig, sie während dieser Zeit besonders liebevoll zu behandeln, weil ihre aufmerksamkeitsheischenden Reaktionen sonst zur Gewohnheit werden können.

Das Drahtnetz über dem Bettchen und die Gittertür werden überflüssig, sobald das Baby groß und stark genug ist, sich umzudrehen oder das Gewicht einer schlafenden Katze wegzuschieben. Eine Katze ist eigentlich nicht sehr erpicht darauf, bei einem ständig strampelnden und weinenden Baby zu schlafen. Jede Art Lärm ist ihr verhaßt, und normalerweise trollt sie sich, wenn ein Baby zu weinen beginnt.

Eine Besitzerin erzählte mir, daß ihre Katze Wächterfunktionen übernommen hat und sie immer aufweckt, wenn das Baby weint. Viele frischgebackene Eltern sind einmütig der Meinung, daß es nichts Besseres gibt, einem Baby den richtigen Umgang mit Tieren beizubringen, als eine Katze im Haus. Und eine andere Bekannte drückte es so aus: «Ob eine Katze wirklich edelmütig ist, stellt sich erst heraus, wenn sie sich in den Schwanz beißen läßt, ohne zurückzubeißen.»

Es besteht kurz gesagt also überhaupt kein Grund, warum es zwischen neu angekommenen Babys und Katzen zu Problemen kommen sollte.

Schwangere und Katzen

Vielleicht haben Sie schon von einer Krankheit namens Toxoplasmose gehört, die von Katzen übertragen werden und bei Schwangeren dazu führen kann, daß die Kinder mißgebildet zur Welt kommen. Manch eine Frau mag sich deshalb in der Schwangerschaft fragen, ob sie ihre Katze weggeben sollte.

Es kann sicher nicht schaden, sich ein wenig näher mit dieser Krankheit zu befassen. Untersuchungen haben ergeben, daß ein großer Teil der erwachsenen Bevölkerung eine latente Toxoplasmose hat, die nie festgestellt oder diagnostiziert wurde. Wegen der grippeähnlichen Symptome denken die meisten Leute, sie hätten eine leichte Erkältung.

Infizieren kann man sich damit, wenn man zum Beispiel rohes Schweinefleisch zum Kochen herrichtet und dann mit den Fingern den Mund berührt. (Ich kann mich noch erinnern, wie ich meine Mutter um eine kleine Portion rohes Hackfleisch bat, Salz darauf tat und sie in den Mund schob! Vielleicht habe ich mich schon damals mit Toxoplasmose infiziert!)

Aber nicht nur durch den Umgang mit oder den Verzehr von rohem Fleisch kann man sich anstecken. Kinder können sich auch infizieren, wenn sie in Sand spielen, den Katzen verunreinigt haben, und danach den Finger in den Mund stecken.

Von Katzen kann man Toxoplasmose einzig dann bekommen, wenn man ihren Kot mit den bloßen Händen berührt und die ungewaschenen Finger dann an den Mund bringt. Das werden Sie sicher nicht tun; wenn Sie aber immer noch nicht ganz beruhigt sind, können Sie doch einfach Gummihandschuhe anziehen, wenn Sie die Katzentoilette saubermachen. Eine Infektion der Katze läßt sich dadurch verhindern, daß Sie das Katzenklo überdies jeden Tag gründlich mit kochendem Wasser reinigen und ihr Futterfleisch vor dem Verzehr auf mindestens 70 Grad Celsius erhitzen. Die Parasiten werden ebenso bei der Tiefgefrierung auf −20 Grad abgetötet. Beide Methoden lassen sich natürlich auch bei jenem Fleisch anwenden, das für Sie selbst und Ihre Familie bestimmt ist.

Das einzige Problem, das – von der Katze aus gesehen – während der Schwangerschaft auftaucht, besteht darin, daß kein Schoß zum Sitzen mehr da ist! Wenn Sie ansonsten die Vorschriften der Hygiene beachten und Handschuhe tragen, wenn Sie mit der Katzentoilette umgehen, besteht überhaupt kein Grund, warum Sie Ihre Katze nicht auch während der Schwangerschaft behalten sollten.

10 Sterilisation und Kastration

Wenn Sie nicht vorhaben, mit Ihrer Katze zu züchten, ist Ihre Katze bestimmt zufriedener und auch angenehmer zu haben, wenn sie kastriert ist. Eine ausgewachsene, nicht kastrierte Katze schreit dauernd, läuft ruhelos umher und tränkt Ihre Möbel und Vorhänge mit Urin. Die Frustration der unbefriedigten Sexualität führt unter Umständen zu einem erheblichen Gewichtsverlust, der ihre Widerstandskraft gegen Krankheiten schwächt.

Eine unsterilisierte Kätzin kann das ganze Jahr über alle paar Wochen rollig werden. Auch sie schreit dann, rennt umher und bespritzt Möbel und Vorhänge. Viele Kätzinnen verlieren während der Rolligkeit erschreckend an Gewicht und können den Verlust gar nicht mehr wettmachen, bis sie wieder rollig werden.

In welchem Alter sollte die Operation vorgenommen werden? Eine weibliche Katze kann schon mit acht Monaten kastriert werden. Ein Kater dagegen sollte mindestens sieben Monate alt sein, bevor er kastriert wird. Das ist nur eine ungefähre Angabe; auf jeden Fall muß die Entwicklung der Geschlechtsteile voll abgeschlossen sein. Da diese Entwicklung verschieden verläuft, kann die Kastration auch erst mit einem Jahr fällig werden.

Sie mögen sich aus verschiedenen Gründen innerlich gegen eine Kastration sträuben. Sehen wir uns diese Gründe also einmal an. Viele Leute finden es einfach «unnatürlich». Merkwürdigerweise lassen aber dieselben Leute sehr oft ohne jedes Schuldgefühl ihre weibliche Katze sterilisieren. Wenn man eine Katze domestiziert und zum Haustier macht, ist es noch viel unnatürlicher, ihr den Geschlechtstrieb nicht zu nehmen. Da sie nicht hinaus und sich paaren kann, fühlt sie sich die meiste Zeit frustriert.

Läßt man einen unkastrierten Kater aber hinaus, ist man dafür verantwortlich, daß es wieder einige unerwünschte Kätzchen mehr auf der Welt gibt, die kein Heim finden.

Hält man eine unsterilisierte Kätzin im Haus, kann sie in einen Zustand chronischer Rolligkeit geraten und aus Frustration böse und reizbar werden. Wenn die Eier nie befruchtet werden, kommt es häufig zu einer Gebärmutterentzündung, die irgendwann eine Kastration nötig macht. Sie kann aber auch zum Tode führen, wenn sie nicht rechtzeitig bemerkt wird.

Es stimmt nicht, daß eine operierte Katze fett und träge wird und keine Lust mehr zum Spielen hat. Nach der Operation kommt es zu einer Hormonveränderung, die zur Folge hat, daß das Tier weniger Futter braucht. Es auf einem gesunden Gewicht zu halten, ist in Wirklichkeit Ihre Aufgabe. Sie dürfen nicht zuviel füttern! Sehr oft fühlen sich Kater oder Katzen nach der Operation wieder in die Kindheit versetzt und werden noch verspielter, als sie es schon waren. Und da der Paarungstrieb entfällt, werden sie eher anhänglicher und liebevoller als zuvor.

Vielleicht macht Ihnen die zur Operation notwendige Narkose Sorgen. Eine Narkose ist immer ein Risiko, aber der Prozentsatz der Katzen, die die Narkose nicht überstehen, ist sehr klein. Fragen Sie sich selbst, ob es dieses winzige Risiko nicht wert ist, wenn man fünfzehn oder noch mehr Jahre eines gesunden und glücklichen Lebens dagegenhält. Überdies ist eine Katze ohne den Streß des Paarungstriebes körperlich viel eher in der Lage, Krankheiten zu widerstehen.

Vielleicht haben Sie gehört, daß kastrierte Kater häufiger an Blasenentzündung erkranken als unkastrierte. Das stimmt nicht. Wahr ist, daß mehr kastrierte Kater behandelt werden als unkastrierte, was zu der irrigen Annahme geführt hat, daß Blasenentzündung bei kastrierten Katern häufiger vorkommt. In Wirklichkeit bringen die Leute, die Kater haben und sie frei herumlaufen lassen, diese weniger oft zum Tierarzt als die Besitzer von kastrierten Hauskatern.

Damit kommen wir zum gewichtigsten Einwand – den hohen Kosten der Operation. Mit den Augen des Tierarztes betrachtet, sehen diese Kosten aber keineswegs hoch aus.

Es beginnt damit, daß Tierärzte ein langes Studium und eine lange Ausbildungszeit brauchen, bis sie eine eigene Praxis eröffnen können. Sie brauchen eine technische Einrichtung auf dem neuesten Stand der Forschung und Personal für Praxis, Operationsraum und Klinik. Was ein Tierarzt verlangt, muß sowohl diese Ausgaben als auch die Medikamente und sein eigenes Gehalt decken.

Da die Forschung immer weitergeht und ständig neue Katzenkrankheiten festgestellt und erforscht werden, muß ein Tierarzt außerdem ständig die neuesten medizinischen Veröffentlichungen lesen und Seminare und Kurse besuchen, um sein Wissen auf dem neuesten Stand zu halten. Das alles macht er in seiner Freizeit, wenn Sie und ich wahrscheinlich entspannt vor dem Fernseher sitzen.

Denken Sie auch daran, daß in den Großstädten die Tierspitäler einen tierärztlichen Notdienst versehen und daß es in manchen Städten und Orten private Notdienste gibt. Vielerorts ist ein Notdienst allerdings noch gar nicht eingerichtet worden oder dann sind die bestehenden Dienste mangelhaft organisiert. Immerhin verzeichnet man auf diesem Gebiet laufend Fortschritte.

Ich finde die einmalige Ausgabe für die Sterilisation oder Kastration wirklich nicht zu hoch. Einigermaßen kostspielig ist es, überhaupt eine Katze zu halten. Wir dürfen nicht einen Einzelposten wie diese Operation betrachten, sondern müssen vielmehr daran denken, was das Futter kostet, das unser Liebling jeden Tag seines Lebens – ungefähr fünfzehn Jahre lang – zu sich nimmt.

Nehmen wir an, eine Katze frißt täglich für nur 50 Pfennig Futter. Umgerechnet auf fünfzehn Jahre ergibt das eine Summe von über 3000 DM! Rechnen wir die Kosten für Impfungen, Untersuchungen und andere Tierarztkosten dazu, wird klar, daß wir bereit sein müssen, uns eine Katze ein recht hübsches Sümmchen kosten zu lassen. Verglichen mit diesen Zahlen sind die Kosten einer Sterilisation oder Kastration geradezu verschwindend.

Wenn Ihre Mittel begrenzt sind und Sie nicht alle Kosten übernehmen können, werden Ihnen viele Tierärzte bei der Rechnungstellung gewiß entgegenkommen. Sonst fragen Sie beim Tierschutzverein nach. Viele Tierschutzvereine haben Vertragsärzte, die solche Operationen zum halben Preis ausführen, und möglicherweise übernimmt auch der Tierschutzverein selbst einen Teil der Kosten. Und glauben Sie nicht, die Vertragsärzte von Tierschutzvereinen seien weniger gut als andere. Das ist ganz einfach nicht wahr. Es sind fähige und erfahrene Tierärzte, die sich dem Tierschutzgedanken verschrieben haben und gewöhnlich einen Tag in der Woche für derartige Operationen freihalten. Ohne Unterbrechungen durch Büroarbeit wird an diesen Tagen nur operiert und darauf geachtet, wie sich die Patienten von der Operation erholen.

Wenn es diesen Dienst in Ihrer Stadt noch nicht gibt, sollten Sie und ein paar gleichgesinnte Freunde ihn ins Leben rufen. Gründen Sie einen Verein, lassen Sie sich einfaches Briefpapier drukken und schreiben Sie alle Tierärzte in Ihrer Stadt an. Erklären Sie ihnen Ihre Idee und suchen Sie die Tierärzte danach persönlich auf. Oder nehmen Sie den Brief mit und warten Sie solange in der Sprechstunde, bis Sie mit dem Tierarzt sprechen können. Erklären Sie ihm, daß Ihre Gruppe bereit ist, solchen Klienten, die sich die Operation finanziell nicht leisten können, mit dem halben Betrag auszuhelfen und in Notfällen sogar die vollen Kosten zu übernehmen.

Natürlich werden eine Menge Tierärzte kein Interesse zeigen, weil sie schon zuviel Arbeit haben, aber Sie treffen sicher auch ebenso viele, die die Idee gut finden. Wenn ein Tierarzt mit einer großen Zahl von Kastrationen und Sterilisationen rechnen kann, kann er sich sein Arbeitspensum entsprechend einrichten und sich ein oder zwei Vormittage dafür freihalten. Gewöhnlich sind sie gern zur Mitarbeit bereit. Kein Tierarzt sieht es gern, daß junge Katzen hungrig und verlassen herumstreifen und von Autos überfahren werden. Die Mitarbeit an solch einem Programm kann diese Probleme verringern helfen.

Wenn wir über Tierschutz oder ein Klinikprogramm zur verbilligten Kastration oder Sterilisation sprechen, hat das nichts mit Barmherzigkeit zu tun. Die Rede ist von einer realistischen Methode, wie man Menschen dazu bringt, sich selbst und ihren Tieren zu helfen, indem sie mit ein wenig Aufwand an Zeit und Energie ein Programm aufstellen. Ihre erste Frage lautet wahrscheinlich: «Und woher bekommen wir das Geld, um die Hälfte der Operationskosten zu übernehmen?» Ihre Gruppe oder Organisation kann Flohmärkte und Wohltätigkeitsbasare veranstalten, Ausstellungen mit Tieren ihrer Mitglieder oder einen Wach- und Ausführdienst für Hunde und Katzen organisieren. Wenn die

Sache erst einmal läuft, werden sich auch die Zeitungen dafür interessieren, und Mundpropaganda sowie Plakate in Läden und Einkaufszentren tun dann das Übrige. Ich will nicht behaupten, daß es leicht ist, solch eine Institution zu gründen, aber möglich ist es – andere Leute haben es geschafft, Leute wie Sie und ich.

11 Kratzpfosten, Schlafplätze und Spielzeug

Kratzpfosten

Diese herrlichen, bis zur Decke reichenden, mit einem üppigen Plüschteppich bezogenen Kratzpfosten mögen uns äußerst attraktiv erscheinen, aber ich frage mich, ob der Bezug auch auf unsere Katzen anziehend wirkt? Da Katzen kratzen, um die abgestorbenen äußeren Hüllen von ihren Krallen zu entfernen, bietet die weiche Üppigkeit dieses Teppichs nicht den nötigen Widerstand.

Meine Freundin Erika beobachtete wochenlang, wie ihre Katzen begeistert eine geflochtene Strohmatte zerfetzten, obwohl ihnen ein teppichbezogener Kratzpfosten zur Verfügung stand. Endlich fiel bei ihr der Groschen. Sie bezog den Pfosten mit einem Strohgeflecht statt des Teppichs, und seither wird er von allen Katzen angenommen.

Wenn Sie sich einen eigenen Kratzpfosten vom Boden bis zur Decke konstruieren wollen, befestigen Sie zwei kräftige Kanthölzer auf einer Grundplatte und an der Decke und sägen Sie so viele Einschnitte ein, wie Sie Zwischenböden einschieben möchten. Grundplatte, Kanthölzer und Böden werden mit einem beliebigen Material bezogen. Da Katzen ihre Krallen gern an rohem Holz wetzen, läßt man einige Stellen für diesen Zweck frei.

Meine Katzen benützen ihren Pfosten eigentlich mehr als Schlafplatz als zum Krallenwetzen, weshalb ich ein paar größere Stücke von Baumstämmen daneben gelegt habe. Meine Katzen kratzen heftig an den Stämmen und springen dann hoch auf einen der Zwischenböden zum Schlafen. Zum Krallenschärfen sind Stämme mit viel Rinde wie etwa Birkenstämme am besten geeignet.

Mit Begeisterung wird von meinen Katzen auch eine einfache Orangenkiste benutzt, die ich in eine Ecke gestellt habe. Da die Kiste gern wegrutscht, wenn sie kratzen, müssen Sie sie möglicherweise am Boden verankern.

Auch eine kleine Rampe ganz aus Holz ist schnell zusammengenagelt und eignet sich hervorragend zum Krallenschärfen. Man kann auch eine Korkplatte auf Holz aufnageln und an die Wand hängen. Kork ist zum Krallenwetzen besonders einladend. Verbilligte Restposten von Stoff- oder Teppichmustern bekommt man oft günstig in Möbel- oder Teppichgeschäften oder auch in Inneneinrichtungshäusern. Manchmal erhält man sie sogar umsonst. Man befestigt die Stoffreste entweder auf Holz oder am Kratzpfosten oder nagelt sie einfach an einen Türstock; sie geben jedenfalls besonders gutes und preiswertes Material für den gewünschten Zweck ab.

Ich habe mehrfach Kratzbereiche geschaffen, indem ich etwa einen Meter hoch dicken Schaumstoff auf Bretter geklebt und den Schaumstoff mit einem dicht gewebten Rupfen überzogen habe. Das Ganze wurde an der Tür zum Badezimmer befestigt. Gewöhnlich dauert es Jahre, bis sie wirklich verschleißen. Denken Sie daran, daß ein Kratzbereich oder -pfosten nicht höher als ein Meter zu sein braucht, weil sich die Katzen auf den Hinterbeinen nach oben recken und mit den Krallen der Vorderpfoten kratzen.

Schlafbereiche

Wenn Sie Ihrer Katze ein Kissen oder Bett zum Schlafen zurechtmachen wollen, dürfen Sie nicht vergessen, daß Katzen gern möglichst hoch oben sind. Auf dem Boden oder wenig darüber fühlen sie sich nicht sicher, und deshalb werden sie wahrscheinlich das kuscheligste Schlafplätzchen mit Verachtung strafen, wenn es unten steht. Natürlicherweise suchen sie sich hochgelegene Plätze wie auf dem Kühlschrank oder der Waschmaschine oder auf dem obersten Zwischenbrett des Kratzpfostens.

Einen Gefallen tun Sie Ihren Katzen sicher damit, wenn Sie überall dort, wo sie es behaglich finden, Kissen hinlegen. Wenn Sie geschickte Hände haben, können Sie selbst eine Kissenhülle aus plüschigem Stoff ein paar Zentimeter hoch mit Polyester oder Schaumstoff füllen und zunähen. Katzenkissen sind aber auch in Tierhandlungen, auf Katzenausstellungen oder per Anzeige in Katzenzeitschriften erhältlich.

Bei mir liegen solche Kissen in verschiedenen Räumen, und über jedem hängt eine Lampe. Ich verwende 60-Watt-Birnen, die genau die Wärme erzeugen, die Katzen mögen. Damit lassen sich auch Heizkosten sparen, denn es kommt viel billiger, eine 60-Watt-Birne brennen zu lassen, als den ganzen Tag zu heizen. Vielleicht ist es morgens, wenn Sie das Haus verlassen, recht warm, so daß Sie die Heizung abdrehen. Wird das Wetter aber im Laufe des Tages feucht oder kühl, begrüßt Sie abends womöglich eine verschnupfte Katze. Hat die Katze dagegen ihren eigenen Bereich mit Kissen und Lampe, brauchen Sie sich, sollte es draußen kühler werden, um ihr Wohlbehagen keine Gedanken zu machen.

Aus Sicherheitsgründen verwende ich für das Kissen auf dem Schreibtisch, einem bevorzugten Ruheplatz, eine Klemmlampe mit Metallschirm. Wo ich kleine Tischlampen aufgestellt habe, nehme ich die Schirme ab, weil sich die Katzen daran reiben und die Lampenschirme in Brand geraten könnten, wenn sie an die heiße Glühbirne gedrückt werden. Den Lampenfuß klebe ich fest, damit die Lampen nicht aus Versehen heruntergestoßen werden, was ebenfalls Feuer verursachen könnte. Abgesehen von der Feuergefahr habe ich aber auch festgestellt, daß ich lieber einen Leimfleck auf dem Tisch habe, als ständig wertvolle Lampen zu ersetzen. Auch die besterzogene Katze reibt sich gelegentlich an einer Lampe, so daß sie hinunterfällt und in tausend Scherben zerspringt. Sind mehrere Katzen im Haus, spielen sie aller Voraussicht nach im ganzen Haus Fangen, und dabei geht mehr als eine Lampe zu Bruch. Der Klebetrick hilft auch bei Bücherstützen, wertvollen Figuren und anderen Gegenständen. Irgendwann einmal reichte es mir, meine Bücher mehrmals am Tag vom Fußboden aufzulesen, weil sich meine Katzen über Tisch und Stühle jagten und immer die Bücherstützen verschoben. Seit ungefähr acht Jahren klebe ich nun alle Bücherstützen fest, und seither ist mir kein Buch mehr hinuntergefallen!

Statt sich zu ärgern, wenn Ihre Katzen die schönste Porzellanfigur oder Lampe zerbrechen, sollten Sie lieber zum Leimtopf greifen. Katzen machen so etwas nicht absichtlich; die Wirkung bleibt freilich die gleiche. Wenn sich diese Katastrophen also mit ein paar Tropfen Klebstoff vermeiden lassen, sollten Sie zu diesem Mittel greifen und sich damit Ihre Einrichtung und Ihre Seelenruhe erhalten.

Spielzeug
Das meiste für Katzen hergestellte Spielzeug ist gefährlich. Entfernen sie an gekauftem Spielzeug unbedingt alle Verzierungen wie Glöckchen, Schwänzchen, Münzen oder Knöpfe. Die Katzen können sie verschlucken und daran eingehen. Und nicht nur das: Die meisten Katzen spielen überhaupt nicht mit solchem Spielzeug! Ihnen ist Spielzeug, an dessen anderem Ende ein Mensch hängt, viel lieber. Damit meine ich zum Beispiel ein Stück Schnur, das man am Boden entlangzieht oder vor ihrer Nase baumeln läßt, oder zusammengeknülltes Zellophanpapier oder Alufolie, die man wirft und sich wiederbringen läßt. Menschliche Finger, die sich unter einer Decke bewegen, können für eine Katze das aufregendste Spielzeug sein. Aber auch leere Schachteln und Kisten sowie größere Fellstücke eignen sich zu allerlei Allotria, was mit anderen Worten heißt, daß Katzen völlig aufgeräumte Wohnungen nicht sonderlich schätzen.

Eine große Papiertüte vom Einkaufen vermag Katzen endlos zu beschäftigen. Sie springen darauf oder verstecken sich darin und haben den herrlichsten Spaß, bis die Tüte entzwei geht. Plastiktüten dagegen darf man nie herumliegen lassen, auch wenn manche Katzen gern auf Plastik herumkauen. Sie können sich leicht darin verwickeln und ersticken.

Ein Lieblingsspielzeug meiner Katzen ist ein schlichter Pfeifenreiniger, den ich zu einem Kreis forme. Sie schlagen mit Wonne ihre Zähne hinein und tragen ihn stundenlang durchs ganze Haus oder werfen ihn hoch in die Luft.

Besonders beliebt ist selbstgemachtes Spielzeug, das man beispielsweise aus einer zerrissenen Strumpfhose anfertigen kann. Man knüpft sie in so viele Knoten wie möglich, bis ein undefinierbarer Kuddelmuddel entstanden ist, mit dem sich die Katzen stundenlang beschäftigen werden. Meine Katzen werfen diesen Knäuel in die Luft, machen Tauziehen damit oder springen darauf und rutschen damit über den Fußboden. Wenn er schmutzig ist, können Sie ihn waschen, und bis er zerfetzt und zerrissen ist, haben Sie sicher auch wieder eine andere Strumpfhose mit Laufmasche, aus der sich ein brandneues Spielzeug herstellen läßt.

Interessieren sich Ihre Katzen nicht dafür, spritzen Sie versuchsweise etwas Katzenminze darüber. Auf junge Katzen hat sie allerdings keine Wirkung, und auch ausgewachsene Katzen finden sie nicht ausnahmslos anziehend. Von meinen Katzen schnüffeln manche an der Katzenminze, wälzen sich darin und wackeln ganz benommen davon, während andere überhaupt kein Interesse daran bekunden.

Musik zur Gesellschaft

Vielleicht haben Sie schon gehört, daß man einem neuerworbenen jungen Hund eine Aufziehuhr ins Körbchen legen soll. Das Ticktack wirkt beruhigend und tröstlich, und der Welpe fühlt sich nicht so allein.

Da ich früher fast den ganzen Tag nicht zu Hause war, gewöhnte ich mir an, die Stereoanlage eingeschaltet zu lassen, damit die Katzen wenigstens Musik zur Gesellschaft und damit das Gefühl hatten, nicht allein zu sein.

In Gesprächen mit anderen Katzenzüchtern stellte sich dann heraus, daß viele ihre Katzen mit Musikbegleitung großziehen, weil sie den Eindruck haben, daß den Katzen dann nicht nur das Haus bewohnter erscheint, sondern daß die Musik auf sie ebenso besänftigend wirkt wie auf Menschen.

Beruhigend wirkt aber nur leise Hintergrundmusik mit wenig Reklame; mehr als eine Stunde Fernsehen kann dagegen bei Tieren erheblichen Streß bewirken, wie Forschungen gezeigt haben. Ob der Grund dafür die geräuschvollen Reklamesendungen oder besonders hohe Töne sind, weiß ich nicht. Auf jeden Fall darf man eine Katze nicht in einen Raum sperren, in dem längere Zeit der Fernseher läuft.

Die Klänge von Musik dagegen wirken nicht nur anheimelnd auf Katzen, sondern sogar möglicherweise abschreckend auf Einbrecher, die auf der Suche nach leeren Häusern sind. Wenn Sie das Radio nicht den ganzen Tag laufen lassen wollen, können Sie sich eine nicht sehr kostspielige Zeituhr kaufen, die das Gerät zu der von Ihnen bestimmten Stunde abschaltet.

12 Von Katzen verursachte Brände und Schutz von offenen Kaminen

Wie eine Katze einen Brand verursachen kann

Es ist schon einige Jahre her, daß mir die Besitzer von Duke, einem kraftstrotzenden und überaus spritzfreudigen Deckkater, von einem einigermaßen erschreckenden Erlebnis berichteten. Duke wurde in einer verglasten Veranda gehalten, die bei kühler Witterung durch ein elektrisches Heizgerät gewärmt wurde. Eines Nachts gab es ein knisterndes Geräusch, und im hinteren Teil des Hauses brach die gesamte Stromversorgung zusammen. Gleich darauf hörten sie Duke fürchterlich heulen, und als sie zu ihm liefen, rannte er wie verrückt auf der Veranda herum und hielt nur ab und zu inne, um sich eine versengte Stelle unter dem Schwanz zu lecken. Später entdeckten sie Brandwunden und sahen, daß das Heizgerät am Boden lag. Es schien, als ob er sich daran verbrannt hätte.

Wahrscheinlich hatte Duke keinen unmittelbaren Kontakt mit dem Heizgerät, aber höchstwahrscheinlich spritzte er hinein, so daß Flammen herausschossen, die die Spritzstellen am Boden entlangliefen und ihm noch die Kehrseite verbrannten. Zu dieser Theorie bin ich aus zwei Gründen gekommen: Zum einen galt Duke als besonders spritzfreudig, und zum andern habe ich zwei ähnliche Zwischenfälle im eigenen Haus erlebt.

Der erste ereignete sich in einem Sommer, der so heiß war, daß wir die Klimaanlage eingeschaltet hatten. Ich hörte ein Knistern, und plötzlich fiel die Klimaanlage aus. Zuerst dachte ich, das Netz sei überlastet, doch dann hörte ich, wie die Katzen in einem der angrenzenden Zimmer herumrasten. Dort fand ich Luv, die gerade rollig war und es im Spritzen mit jedem Deckkater aufnahm, in offensichtlichen Nöten die Stelle unter dem Schwanz leckend.

Alle anderen Katzen waren mit tellergroßen Augen zu Salzsäulen erstarrt. Wie sich herausstellte, war das Fell unter Luvs

Schwanz angesengt, und dann entdeckte ich häßliche schwarze Brandflecken, die sich von einer Steckdose an der Wand über die Bodenfliesen zogen. Überall, wo sie gespritzt hatte, waren schwarze Flecken zu sehen, und daß sie die Steckdose getroffen hatte, war natürlich der Grund für den Stromausfall gewesen. Was mir aber einen nachträglichen Schrecken einjagte, war der Gedanke, was alles hätte passieren können, wenn auf dem Weg der Spritzflecken, dem die Flammen folgten, Papier, Schachteln oder anderes brennbares Material gelegen hätte.

Damit sie leichter zu säubern sind, habe ich mir ein paar Käfige etwa sechzig Zentimeter vom Boden entfernt wie Bücherregale an die Wand montieren lassen. Meinen Katzen steht normalerweise das ganze Haus zur Verfügung, aber aus bestimmten Gründen brauche ich manchmal auch die vier Käfige. Ich züchte Siamkatzen (die schlankgliedrig sein sollen, aber fressen wie die Scheunendrescher) und Burmakatzen (die stark gewünscht werden, aber äußerst heikle Fresser sind) und gehe mit ihnen auf Ausstellungen. Zu den Mahlzeiten stecke ich meine Burmakatzen in die Käfige, damit sie sich mit dem Fressen soviel Zeit lassen können, wie sie wollen, ohne daß ihnen die Siamkatzen alles wegfressen. Auch bei anderen Gelegenheiten, wenn eine Katze kurz vor dem Werfen steht oder eine kranke Katze sich erholen soll, hat sich erwiesen, daß die Abgeschlossenheit eines Käfigs von Zeit zu Zeit durchaus geschätzt wird, weil die Katzen darin kurzfristig ihre Ruhe vor den anstrengenden Kameraden haben. Oder wenn ich in der Katzentoilette, die von einem ganzen Wurf junger Katzen benutzt wird, einen zu weichen Stuhl finde, kann ich das betreffende Kätzchen nur dadurch herausfinden, daß ich jedes für sich in einen Käfig setze und ihm ein eigenes Kistchen gebe.

Die Steckdosen sind alle etwa dreißig Zentimeter unterhalb der Käfige angebracht, so daß die Flammen keine andere Nahrung fanden als die arme Luv. Ich fragte mich, was wohl gewesen wäre, wenn sich die Käfige unmittelbar vor der Steckdose befunden hätten oder wenn die Flammen der Spritzspur bis zu der Zeitung in der Katzentoilette gefolgt wären. Zwangsläufig hätte es einen gefährlichen Brand gegeben, und ich bekomme jetzt noch eine Gänsehaut, wenn ich mir die Verwüstungen vorstelle, die das Feuer hätte anrichten können, wäre ich nicht zufällig zu Hause gewesen.

In der Hoffnung, das Problem damit zu lösen, kaufte ich in einem Haushaltwarengeschäft Kunststoffkappen für sämtliche Steckdosen im Raum, aber nur zwei Tage später hörte ich das gleiche schreckenerregende Knistern, und der Strom fiel wieder aus. Wieder sausten die Katzen wild herum, und als ich ins Zimmer gerannt kam, sah ich gerade noch Teddy Einauge, einen meiner Deckkater, oben auf einem der Käfige. Mit den Augen folgte ich der Spur der Urinflecken, die die Wand hinunter- und zwischen Kunststoffdeckel und Steckdose hineinliefen, und mit Entsetzen sah ich, daß die Deckel Feuer gefangen hatten und aus den Steckdosen Flammen schlugen.

Da ich allein zu Hause war und Angst hatte, rief ich die Feuerwehr an, die mir versicherte, daß das Feuer nach kurzer Zeit von selbst erlöschen würde, wenn ich den Strom in diesem Teil des Hauses abgeschaltet ließe. So war es auch. Nach sechs oder sieben Minuten hörten Flammen und Rauch auf. Wieder hatte ich schwarze Brandflecken an der Wand oberhalb der Steckdose. Ich mußte schließlich die festen Metallkappen für Außenwände kaufen, um alle Stromanschlüsse zu verschließen. Noch bessere Dienste leisten freilich Fehlerstrom-Schutzschaltungen, die blitzschnell abschalten, wenn etwas Unvorhergesehenes geschieht.

Gelegentlich hört man von einem Brand bei einem Katzenzüchter oder -besitzer und bedauert den Verlust, den er erlitten hat. Die Schuld wird fast immer auf einen Fehler in den elektrischen Leitungen geschoben, aber erst nachdem ich meine eigenen Erfahrungen gemacht hatte, dachte ich ernsthaft darüber nach. Beide Male hätten die Flammen, die aus den Steckdosen hervorschossen, verheerende Brände verursachen können, wenn sie irgendwelche Nahrung gefunden hätten. Nur der Tatsache, daß mein Boden gefliest ist und die Käfige oberhalb der Steckdosen angebracht sind, haben es meine Katzen und ich zu verdanken, daß wir ohne größeren Schaden davonkamen.

Ein paar Monate nach meinen beiden Erlebnissen kam es zu einem tragischen Brand bei einem Katzenzüchter. Das Haus war ganz neu und mit den modernsten und sichersten Einrichtungen versehen. Ganz sicher gab es darin keine morschen oder defekten Leitungen. Die Brandursache konnte nie genau festgestellt werden, aber ich hörte, daß an der Wand ein elektrisches Heizgerät angebracht war und der Brand im Käfig eines Deckkaters begann, in dem sich eine Pappschachtel befand.

Das ist natürlich noch kein schlüssiger Beweis, doch in Anbetracht dessen, was ich mit eigenen Augen im eigenen Haus gesehen habe, liegt die Schlußfolgerung nahe, daß auch dieses Feuer dadurch verursacht wurde, daß der Kater in das Heizgerät spritzte und die hervorschießende Flamme den Urinspuren in den Käfig folgte, die Schachtel in Brand setzte und sich dann ausbreitete.

Ungefähr ein Jahr danach schickt mir jemand einen Zeitungsausschnitt, in dem von einem Kurzschluß und einem Brand die Rede war. Es hieß, das Feuer sei deshalb ausgebrochen, weil der Hauskater in eine Steckdose an einer Wand im Schlafzimmer gespritzt habe. Der Kater habe einen derartigen Schrecken davongetragen, daß er verschwunden sei und man ihn daher nicht auf Verletzungen untersuchen konnte.

Ich glaube, diese Beweise sind für jeden ausreichend Grund, es sich erstens zweimal zu überlegen, bevor man eine Katze ins Badezimmer sperrt und das Heizgerät einschaltet. Zweitens sollte man nicht ohne weiteres ein tragbares elektrisches Heizgerät in ein Zimmer stellen, wo ein Kater oder eine Katze hineinspritzen könnten, drittens Käfige niemals vor einem Heizgerät oder einer Steckdose in der Wand anbringen, viertens alles brennbare Material einsammeln, das bisher noch in der Nähe solcher Heizgeräte oder Steckdosen lag, und fünftens diese Gedanken an alle weitergeben, die eine Katze im Haus haben.

Schutz des offenen Kamins

Wilde Tiere haben angeblich Angst vor offenem Feuer und meiden es. Ich hatte angenommen, daß diese Angst vor dem Feuer auch für meine Katzen gilt, aber entweder sind meine Katzen besonders dumm, oder dann haben Haustiere diese Furcht inzwischen verloren!

Als ich vor zehn Jahren in das Haus zog, in dem ich seither wohne, brannte ich so darauf, den offenen Kamin zu benutzen, daß ich den Gasbrenner anzündete, der das Kaminholz in Brand setzte, und es mir vor dem Feuer gemütlich machte, bevor ich einen Ofenschirm gekauft hatte. Kaum hatte ich mich in meinem

Sessel zurückgelehnt, als Shawn und Kihara auch schon herbeigelaufen kamen, ihre neugierigen Nasen beinahe in die Flammen steckten und sich zufrieden so dicht am Feuer niederließen, daß die Flammen ihnen beinahe den Pelz versengten. Ich traute meinen Augen nicht. Wo blieb die natürliche Furcht vor dem Feuer?

Als ich den Gasbrenner ausgeschaltet und den Kamin mit dem eigenen Körper abgeschirmt hatte, bis er erkaltet war, sah ich mich dem nächsten Problem gegenüber. Die beiden Katzen samt ihren übrigen Spielgefährten stolperten voller Begeisterung durch die Papierasche im Kamin und anschließend durch den Raum, wobei sie die Asche gleichmäßig im Zimmer verteilten. Ich kaufte einen zusammenfaltbaren Ofenschirm und lehnte ihn gegen die Kaminöffnung, aber das nützte leider gar nichts: meine Katzen schlüpften einfach durch die seitlichen Öffnungen oder kletterten darüber, um sich neben den lodernden Flammen niederzulegen.

Ich machte den Schirm schließlich doch noch katzensicher. In die Ziegel rechts und links vom Kamin bohrte ich je ein winziges Loch und brachte einen kleinen Ring an. Der Schirm wurde seitlich mit je einer Feder und einem Haken ausgerüstet, den ich in den Ring einhakte, wobei die Federn ihn senkrecht und dicht vor die Kaminöffnung gespannt halten.

Wenn ich Feuer anzünden oder den Kamin säubern will, hake ich den Schirm auf einer Seite aus und falte ihn zusammen. Auf diese Weise werden die Katzen vom Feuer ferngehalten, und zudem kann auch keine Glut oder heiße Asche aus dem Kamin herausfallen. Der Schirm verhindert auch, daß sich die Katzen in der Asche wälzen oder sie gar als Zweittoilette benutzen.

13 Erziehung

Wie gewöhnt man eine Katze an das WC?
Sind Sie es vielleicht leid, dauernd die Einstreu in der Katzentoilette zu wechseln, oder werden Sie den Geruch im Haus nicht los? Dann sollten Sie Ihre Katze dazu erziehen, das WC zu benützen. Mit genügend Zeit und unbegrenzter Geduld kann man so ziemlich jeder Katze beibringen, wie ein Mensch auf die Toilette zu gehen. Der einzige Nachteil dabei ist, daß der Toilettendeckel immer offen bleiben muß.

Stellen Sie anfangs erst einmal die Katzentoilette in den WC-Raum, damit sich die Katze daran gewöhnt. Als nächstes brauchen Sie eine Plastikschüssel, die so in die WC-Öffnung paßt, daß die Ränder – bei hochgeklapptem Sitz – Halt am Becken finden. In der Eingewöhnungsphase bleibt der Sitz heruntergeklappt. Nun ersetzen Sie die gewohnte Katzentoilette durch die Plastikschüssel, die Sie vorerst auf den Boden stellen und in die Sie ein wenig Katzenstreu geben. Der nächste Schritt kann erst erfolgen, wenn die Katze diese neue Toilette akzeptiert hat und beständig benutzt.

Sobald dies der Fall ist, hängen Sie die Schüssel ins WC-Becken und klappen den Sitz herunter. Die Einstreu soll nur eben den Boden bedecken. Wenn die Katze sich an die neue Lage gewöhnt hat, schneiden Sie ein kleines Loch in den Boden der Schüssel. Natürlich wird die Katze das Loch untersuchen; es wird sie aber nicht davon abhalten, die Toilette weiter zu benutzen. Wenn alles klappt, vergrößern Sie das Loch nach ein paar Tagen um etwa einen Zentimeter, und so im Laufe der Zeit immer mehr. Wird die Katze rebellisch, müssen Sie langsamer vorgehen. Das größer werdende Loch veranlaßt die Katze allmählich dazu, die Pfoten seitlich auf den WC-Sitz zu setzen. Lassen Sie keine Teppiche und Vorlagen auf dem Boden liegen und halten Sie die Türen zu Badezimmer oder Dusche geschlossen, denn wenn es der Katze zuviel wird, weicht sie möglicherweise dorthin aus.

Ist der Boden schon zum größten Teil herausgeschnitten, so daß die Katze sich hauptsächlich auf dem Sitz abstützt, wird die Schüssel ganz herausgenommen. Versuchen Sie, immer anwesend zu sein, wenn die Katze die Toilette benutzt, damit sie sie notfalls festhalten können, wenn sie ins Rutschen kommt.

Das hört sich nach sehr viel Mühe und Zeit an, aber ich glaube nicht, daß es Sie mehr Zeit kostet als die Sauberkeitserziehung Ihrer Kinder – eher weniger. Wenn Sie also genug davon haben, die Einstreu in Katzentoiletten zu wechseln, ist diese Erziehung vielleicht etwas für Sie. Eine meiner Freundinnen hat ihre beiden Katzen dazu erzogen, das WC zu benützen. Wenn sie mit ihrem Mann in die Ferien fährt, nehmen sie die Katzen mit, und wenn sie zum Tanken halten, nimmt jeder von ihnen eine Katze mit aufs WC. Was die Tankwarte wohl davon halten?

An der Leine gehen

Wollen Sie Ihre Katze daran gewöhnen, an der Leine zu gehen, müssen Sie zwei wichtige Dinge berücksichtigen. Erstens müssen Sie darauf gefaßt sein, daß dies viel Zeit und Geduld erfordert, und zweitens brauchen Sie das richtige Geschirr dafür.

Es kommt nicht darauf an, wie niedlich diese verzierten Katzenhalsbänder sind oder wie gut Ihrer Katze das kleine Hundegeschirr paßt. Beides ist für Katzen nicht sicher. Das einzige für Katzen wirklich sichere Geschirr ist aus einem Stück gefertigt und wie eine Acht geschlungen. Es überkreuzt sich auf dem Rücken und wird unten geschlossen.

Aus einem Halsband kann eine Katze entweder herausschlüpfen, oder sie erwürgt sich damit, wenn es festsitzt und Sie an der Leine ziehen. Bei einem Hundebrustgeschirr besteht die Gefahr, daß die Riemen das Brustbein verletzen, wenn Sie die Leine anziehen. Der Brustkorb einer Katze ist anders gebaut als der eines Hundes, und das Brustbein ist viel verletzlicher.

Wenn Sie das richtige Katzengeschirr gefunden haben, nehmen Sie Ihre Katze an die Leine und üben zunächst einigemale zu Hause. Die Katze wird entweder gegen die Leine kämpfen oder sich hinsetzen und sich nicht vom Fleck rühren. Im Haus wird sie aber wenigstens nicht zusätzlich durch lauten Autolärm und andere Tiere geängstigt, so daß sie ihre Verkrampfung wahrscheinlich bald aufgibt. Ziehen Sie sie nicht an der Leine herum, sondern warten Sie ab, bis sie selbst ein oder zwei Schritte macht, und gehen Sie dann nur mit.

Die Leine darf nicht straff gespannt sein, damit sich die Katze nicht gefangen fühlt. Es kommt hauptsächlich darauf an, daß sie sich an das Gefühl des Geschirrs gewöhnt, vielleicht auch dagegen ankämpft und entdeckt, daß sie ihm nicht entkommen kann. Schließlich wird sie merken, daß es ihr nichts tut. Dann können Sie versuchen, am anderen Ende des Raumes einen besonderen Leckerbissen hinzulegen (meine Katzen lieben gebratenes Huhn), damit die Katze einen Grund hat, ein Stück zu gehen. Gehen Sie mit und halten Sie die Leine locker.

Sie werden an der Reaktion der Katze auf die Lektionen im Haus selbst merken, wann Sie den ersten Ausgang wagen können. Machen Sie den ersten Versuch möglichst im Hof oder in einer ruhigen Seitenstraße ohne allzu viel Verkehr. Die allen Katzen angeborene Neugier müßte genügen, sie zu vorsichtigen Erkundungsschritten anzuregen. Lassen Sie sich von der Katze spazierenführen: Bleiben Sie stehen, wenn sie stehen bleibt, und gehen Sie mit, wenn sie weitergeht. Je nachdem, wie die Katze sich verhält, wird der erste Ausgang auf fünf Minuten beschränkt oder auch länger ausgedehnt.

Ich habe es nie fertiggebracht, daß meine Katzen eifrig «bei Fuß» folgen, aber die gelegentlichen Spaziergänge scheinen ihnen Spaß zu machen. Vergessen Sie aber nicht, daß Katzen instinktiv anhalten und sich hinducken, wenn sie Angst haben. Ihre Spaziergänge können also eine Folge von Stopps, Ducken und neuen Starts sein.

14 Wie man eine Katze hochnimmt

Wenn man eine Katze hochnehmen will, muß man an zwei Dinge denken: die Katze muß ein Gefühl der Sicherheit haben, und ihr Gewicht muß abgestützt werden. Dazu legt man ihr eine Hand leicht in den Nacken (mehr zur Beruhigung als zum Festhalten) und schiebt die andere von hinten unter Bauch und Brust. Wenn man von hinten an die Katze herangeht, kann man sie so auf den Arm nehmen (der ihr Gewicht abstützt). Die Hand, die sie im Nacken spürt, gibt der Katze ein Gefühl der Sicherheit.

Will man eine fremde, verletzte oder verschreckte Katze hochnehmen, die möglicherweise beißt und kratzt, hält man ihr – mit der Hand unter dem Bauch – die Vorderbeine zusammen und packt sie ein wenig fester im Nacken. Sehr oft beruhigt sich die Katze, wenn man sie ein paarmal leicht schüttelt, oder zumindest wird ihre Aufmerksamkeit so weit abgelenkt, daß man sie in eine Tragetasche oder einen anderen Raum verfrachten kann.

Wenn eine Katze aus Angst oder Wut zu beißen oder zu kratzen versucht, darf man sie nie ins Gesicht schlagen, das würde sie nur noch wütender machen. Der richtige Griff und ein leichtes Schütteln machen sie schnell wieder gefügig. Man darf eine Katze nie am Schwanz oder an einem Bein hochziehen. Auch der berühmte Griff ins Nackenfell ist nichts für ausgewachsene Katzen. Zwar packt die Katzenmutter ihre Jungen am Nackenfell, wenn sie sie tragen will, aber dabei dürfen wir zwei Dinge nicht vergessen: erstens sind die Jungen noch sehr leicht, weshalb längst nicht so viel Gewicht herunterbaumelt, und zweitens haben die Jungen ein instinktives Vertrauen zur Mutter und erschlaffen, wenn sie so hochgenommen werden. Es besteht also weniger Gefahr, daß sie sich verletzen. Ich glaube kaum, daß die instinktive Reaktion bei den meisten Katzen oder gar bei einer fremden Katze gleich ausfiele.

Gehen Sie mit einer Katze auf eine Ausstellung, dürfen Sie auf keinen Fall die Katze zu dicht an Ihrem Gesicht halten, wenn Sie sie durch den Ausstellungsraum tragen. Mehr als einmal geriet das sanfteste «Baby» in Panik und schlug nach dem, was zunächst war – in diesem Fall das Gesicht der Besitzerin oder des Besitzers. Lassen Sie das Gewicht der Katze auf dem Unterarm ruhen, halten Sie mit der Hand die Vorderpfoten zusammen und legen Sie die andere Hand leicht, aber fest in den Nacken der Katze. Tragen Sie sie seitlich in Hüfthöhe, in sicherer Entfernung von Gesicht und Brust. So können Sie sie leicht wegschwenken, um Zusammenstöße mit anderen Menschen oder anderen Ausstellungskatzen zu vermeiden.

15 Tragetaschen, Reisen und Transport

Tragetaschen

Als Katzenbesitzer brauchen Sie unbedingt eine Tragetasche für die Katze. Darin kann man eine kranke oder verletzte Katze gut zum Tierarzt bringen. Und Sie brauchen nicht zu befürchten, daß Sie die Krallen oder Zähne zu spüren bekommen, während Sie im Wartezimmer warten müssen.

Auch Katzen, die gern Auto fahren, können schlimme Unfälle verursachen, wenn sie plötzlich herumspringen oder dem Fahrer zwischen die Füße geraten. Katzen, die sich im Auto fürchten, fühlen sich in einer Tragetasche sicher.

Manche Tierärzte verkaufen preiswerte Tragetaschen aus Karton. Tierhandlungen bieten widerstandsfähigere, aber auch teurere Tragetaschen aus Stoff und anderen Materialien an, wie man sie auch auf Ausstellungen kaufen kann. Bei größeren Fluggesellschaften sind besonders leichte und wasserdichte Karton-Tragetaschen erhältlich, die hervorragende Eigenschaften haben und halb soviel kosten wie in der Tierhandlung. Sie werden dann verwendet, wenn man die Katze gleichsam als Handgepäck in die Kabine mitnehmen will – und dies auch darf. Rufen Sie einfach die Reservation Ihrer Gesellschaft an und fragen Sie.

Für Langhaarkatzen empfiehlt sich eine Tasche mit seitlichem Drahtnetz, damit es der Katze nicht zu warm werden kann. Kurzhaarige Katzen brauchen nur ein paar Luftlöcher in der Tragetasche.

Man kann eine Tragetasche in viereckiger Form auch selbst aus dünnem Sperrholz oder Glasfaser anfertigen. Eine Seite wird zur Hälfte ausgeschnitten und mit Fliegendraht oder etwas Ähnlichem verkleidet. Ebenso wird eine Türöffnung ausgeschnitten, die Tür mit Angeln und einem Schloß versehen, und das Ganze oben mit einem Tragegriff ausgerüstet.

Ich lege immer eine dicke Schicht aus Zeitungspapierschnitzeln hinein. Sie isoliert gut gegen Hitze und Kälte, und wenn die Tasche einmal als Katzentoilette herhalten muß, kann das «Geschäft» damit zugedeckt werden, so daß die Katzen sauber bleiben. Wenn sie Angst haben, graben sie sich darin ein und fühlen sich dann sicher.

Was ist besser: Katzenpension oder Katzen-Sitter?
Seien wir ehrlich: Eine Katze oder zwei zu haben, kann für die Bewegungsfreiheit ebenso hinderlich sein, wie Kinder zu haben. Was macht man in den Ferien mit ihnen? Kann man sie übers Wochenende alleinlassen?

Wenn Sie nur ein oder zwei Tage von zu Hause fort sind, besteht kein Grund, warum Sie die Katzen nicht alleinlassen könnten. Sie müssen nur viel frisches Wasser und ausreichend Trockenfutter zur Verfügung haben. Wenn Sie dazu noch für mindestens zwei frisch eingestreute Katzentoiletten sorgen, geht es ihnen glänzend, auch wenn Sie weg sind.

Planen Sie eine Reise, die Sie für längere Zeit von zu Hause fernhält, haben Sie die Wahl unter drei Möglichkeiten. Sie können einmal Ihre Katze mitnehmen. Bei Reisen mit dem Auto oder Campingwagen finden Sie in dem Kapitel über Reisen vielleicht ein paar hilfreiche Tips.

Die zweite Möglichkeit ist, sie beim Tierarzt oder einer Katzenpension einzulogieren. Eine Katzenpension sollten Sie sich wenn irgend möglich vorher auf Sauberkeit und Anzahl der Hilfskräfte ansehen. Daß sich die Katze ein oder zwei Wochen auf einen großen Zwinger beschränken muß, braucht Ihnen keine Sorgen zu machen. Katzen brauchen nicht soviel Bewegung wie Hunde. Allerdings besteht die Gefahr, daß sie dort irgendwelche Krankheitskeime auflesen und krank werden. Auch wenn sie vorschriftsmäßig geimpft sind, sind sie nicht immun gegen die «Hausbakterien» (siehe das Kapitel über Hausbakterien). Die größte Gefahr bei einer Katzenpension besteht darin, daß die Katzen sich durch die fremde Umgebung so bedrückt fühlen, daß sie nicht mehr fressen. Man kann nie im voraus sagen, wie eine Katze auf diese Situation reagiert. Sie können es nur versuchen.

Die dritte Möglichkeit ist die ideale Lösung, und sie heißt Katzen-Sitter. Um ehrlich zu sein: Katzen vermissen den Besitzer nicht so sehr und sind glücklicher, wenn sie zu Hause in der gewohnten Umgebung bleiben. Das Problem besteht darin, einen Katzen-Sitter zu finden.

Sie können den Tierarzt fragen, eine Anzeige in die Zeitung setzen oder einen Zettel im Gemüseladen oder Supermarkt aushängen. Fragen Sie auch in Schulen nach, ob man dort junge Leute kennt, die sich dafür interessieren, und nehmen Sie Kontakt zu Organisationen für ältere Menschen auf. Viele ältere Menschen verbringen gern einige Zeit in einem anderen Haus, passen auf Tiere auf und gießen sogar die Blumen. Viele sind körperlich noch sehr aktiv und der damit verbundenen Arbeit voll gewachsen. Vielleicht dürfen sie in der eigenen Wohnung oder im Heim keine Tiere halten und freuen sich darüber, mit Tieren umgehen zu können, so daß Sie sowohl ihnen eine Freude machen als auch selbst Gelegenheit bekommen, zu verreisen.

Falls Ihnen keine dieser Möglichkeiten offen steht, könnten Sie einen eigenen Haustier-Service gründen. Es braucht nicht gleich ein Geschäft zu sein, sondern eher eine Art Nachbarschaftshilfe. Sie vertreten von Zeit zu Zeit eine Nachbarin bei deren Tieren, und diese spielt dafür bei Ihnen wieder den Katzen-Sitter, wenn Sie einen brauchen.

Reisen mit Katzen

Wenn Sie Ihre Katze auf eine Auslandreise mitnehmen wollen, müssen Sie sich nach den erforderlichen Impfungen und der allfälligen Quarantänezeit erkundigen. Quarantäne wird u. a. in Großbritannien, Irland, Schweden, Norwegen und Finnland verlangt, und weil sie bis zu sechs Monaten dauern kann, ist Ihre Katze zu Hause sicher besser aufgehoben. Da die Bestimmungen häufig ändern, sollten Sie vor der Reise auf jeden Fall beim Konsulat oder bei der Botschaft des betreffenden Landes nach dem gegenwärtigen Stand der Dinge fragen. Fragen Sie zugleich auch, welche Papiere zur Ein- und Ausreise erforderlich sind.

Die Tollwutimpfung wird in allen Ländern verlangt, und da kein verantwortungsbewußter Tierarzt ein Kätzchen unter zwei

Monaten gegen Tollwut impfen wird, können Sie also sehr junge Kätzchen nicht mitnehmen.

Nützlich ist es, eine Art Erste-Hilfe-Ausrüstung mitzunehmen, u. a. ein unzerbrechliches Mundthermometer, Plastikspritzen, eine stumpfe Pinzette, eine Schere mit abgerundeten Spitzen, Kohle- und Flohtabletten, Kamillosan, Mullbinden, Schnellklebeverband, Catringmalt oder Vaseline (gegen Haarballen oder Verstopfung), eine harmlose Augensalbe gegen Augenentzündungen und Verletzungen der Haut sowie ein oder zwei Packungen Esbilac für den Fall, daß die Katze nicht frißt, und ein Breitband-Antibiotikum, bei dessen Auswahl der Tierarzt behilflich sein sollte.

Wenn zu befürchten ist, daß Sie im Ausland wenig Auswahl an Dosen- und Trockenfutter vorfinden, sollten Sie einen ausreichenden Vorrat von zu Hause mitnehmen. Wenn nötig können Sie Fisch, Eier und Fleisch kaufen.

Lassen Sie die Katze noch einmal untersuchen und ihr alle nötigen Auffrischungsspritzen geben. Nehmen Sie ein Gesundheitszeugnis Ihres Tierarztes und eine Liste der erhaltenen Impfungen mit auf die Reise, denn diese beiden Papiere werden Ihnen vielleicht schon im Inland, sicher aber bei der Einreise in die Schweiz, nach Deutschland und Österreich und in andere Staaten von Nutzen sein, weil sie offiziell erforderlich sind.

Empfehlenswert ist außerdem, Wasser in Flaschen mitzunehmen. Es muß kein Brunnen- oder Mineralwasser sein, normales Leitungswasser von zu Hause genügt. Es sollte nur das gewohnte Wasser sein, damit die Katze unterwegs keinen Durchfall bekommt.

In einem Campingwagen oder -bus können Sie die Katze während der Fahrt frei herumlaufen lassen, im Auto dagegen ist sie in einer Tragetasche besser aufgehoben. Sie wird sich darin sicherer und weniger ängstlich fühlen und wahrscheinlich die meiste Zeit schlafen. Auch wenn die Katze gern Auto fährt und am liebsten auf Ihrer Schulter oder der Sitzlehne sitzt, besteht immer die Gefahr eines Unfalls, wenn die Katze eine plötzliche Bewegung macht.

Es macht nichts, wenn die Katze während der Fahrt weder fressen noch trinken will. Die meisten Katzen wissen, was ihnen gut tut, und warten, bis die Besitzer irgendwo zur Übernachtung absteigen, bevor sie fressen und ihr Geschäft verrichten.

Wenn Sie durch sehr heiße Gegenden kommen und Ihr Wagen keine Klimaanlage besitzt, sollten Sie versuchen, diesen Teil der Fahrt in die Kühle der Nacht zu verlegen. Katzen bekommt Hitze nicht. Lassen Sie sie bei Außentemperaturen über 21 Grad Celsius nicht im Wagen, wenn Sie irgendwo Rast machen. Schon bei Temperaturen um 20 Grad müssen die Fenster geöffnet werden, so daß eine Querlüftung entsteht.

Wenn es sehr heiß ist und Sie unbedingt eine Pause einlegen müssen, fragen Sie in dem Restaurant oder Hotel, in dem Sie einkehren, ob Sie die Katze in der Tragetasche mitnehmen können.

Es gibt kein spezielles Verzeichnis der Hotels und Motels, in denen Haustiere erlaubt sind. Wenn Sie herausbringen wollen, wohin Sie Ihre Katze mitnehmen dürfen, können Sie einmal die größeren Hotelketten selbst anrufen oder ein Reisebüro bitten, die entsprechenden Hotels herauszufinden. Sie können auch Ihren Automobilklub um Hilfe bitten, und wenn Sie selbst kein Mitglied sind, tut Ihnen vielleicht ein Freund oder Verwandter, der Mitglied ist, den Gefallen, dort anzufragen.

Fängt die Katze zu Beginn der Fahrt zu schreien an und versucht, die Tragetasche in ihre Bestandteile zu zerlegen, nimmt man am besten keine Notiz davon. Von Beruhigungsmitteln halte ich nicht viel; sie können die Katze leicht krank oder sogar noch wütender machen. Außerdem dürfen Sie sie nicht auf eigene Faust, sondern nur nach Konsultation des Tierarztes verabreichen. Auch wenn Sie mit der Katze sprechen oder an der Tragetasche kratzen, schreit und krallt die Katze wahrscheinlich weiter, weil sie damit Ihre Aufmerksamkeit erregt. Am besten drehen Sie das Autoradio auf volle Lautstärke, und nach einer Weile werden Sie merken, daß es die Katze aufgegeben hat und eingeschlafen ist.

Transport mit dem Flugzeug

Das beste Transportmittel für eine Katze ist das Flugzeug. Verzögerungen lassen sich mit ein paar einfachen Vorsichtsmaßnahmen vermeiden.

Immer wieder hört man, daß eine Katze mit dem Flugzeug nicht rechtzeitig angekommen sei oder das Anschlußflugzeug verpaßt habe. Allerdings müssen die Leute auf Befragen auch zugeben, daß sie die Katze einfach im Büro der Fluglinie abgegeben und sich mit der vagen Versicherung begnügt hatten, daß das Tier «mit dem nächsten verfügbaren Flug» abgehen werde. So bucht man auch keine Flugreise!

Wenn Sie Ihre Katze allein per Flugzeug irgendwohin verschikken wollen – was nach Möglichkeit vermieden werden sollte –, fragen Sie zuerst bei der Fluggesellschaft nach, ob es einen Direktflug zum Bestimmungsort gibt. Ist dies der Fall und wird das Tier also per Luftfracht befördert, können Sie beim Luftfrachtbüro der betreffenden Fluglinie für den Transport zu einem günstigen Preis eine Plastikkiste kaufen oder mieten, einen sogenannten Sky-kennel, den es in vier Größen gibt. Es ist aber auch möglich, einen eigenen Transportbehälter zu verwenden.

Meiner Erfahrung nach legt man den Boden des Behälters oder Sky-kennels mit einer dicken Lage Zeitungspapier aus; darauf kommt eine Lage Zeitungsschnipsel. Sie isolieren hervorragend gegen Kälte und Feuchtigkeit und sind auch als Katzentoilette geeignet, weil die Katze ihr «Geschäft» damit zudecken kann und sauber bleibt. Und wenn sie sich fürchtet, kann sie sich darin eingraben. Die Katze wird im Transportbehälter im Laderaum untergebracht, der wie die Passagierkabinen über einen Druckausgleich und womöglich auch über ein Heizungs- und Kühlungssystem verfügen sollte. Es gibt Richtlinien für die Mindest- und Höchsttemperaturen, bei denen Tiere noch verschickt werden dürfen. Genaueres erfahren Sie von den Leuten im Luftfrachtbüro.

Dort können Sie für die Katze auch eine Versicherung abschließen. Die Kosten dafür belaufen sich auf einige Promille der Versicherungssumme. Gewöhnlich muß die Katze zwei Stunden vor Abflug im Frachtbüro sein. Es versteht sich, daß Sie dabei auch alle erforderlichen Papiere vorlegen (Impfzeugnisse, evtl. Gesundheitszeugnis). Welche genau benötigt werden, sagt Ihnen auf vorherige Anfrage das Luftfrachtbüro oder die Botschaft oder das Konsulat jenes Landes, in das die Katze gesandt werden soll. Ihr Tier wird übrigens auf der Ladeliste, die der

Pilot bekommt, aufgeführt; er wird für dessen gute Unterbringung sorgen.

Sobald alle Formalitäten erledigt sind und die Katze dem Luftfrachtbüro übergeben worden ist, informieren Sie die Leute, die das Tier am Bestimmungsort abholen sollen, über die Flugnummer, die Abflugs- und Ankunftszeit sowie über die Nummer des Frachtscheines, von dem Sie eine Kopie erhalten und den Sie unbedingt aufbewahren müssen. So kann am Zielflughafen sofort eine Suchmeldung aufgegeben werden, falls die Katze nicht wie vorgesehen eintrifft.

Vielleicht haben Sie gehört, daß man Katzen Beruhigungsmittel gibt, um zu verhindern, daß sie Angst bekommen, oder um ihre Angst und Erregung zu bekämpfen. Wie bereits gesagt, ist das eine riskante Sache, denn manchmal hat ein Beruhigungsmittel die entgegengesetzte Wirkung und verwandelt Ihre Katze in einen wilden Tiger. Ohnehin sollten Sie es sich zum Grundsatz machen, höchstens dann Beruhigungsmittel einzusetzen, wenn ein Tierarzt, der die Katze kennt und schon untersucht hat, sie verschreibt. Auch wenn die Katze ruhelos im Transportbehälter herumläuft und erbärmlich schreit, beruhigt sie sich wahrscheinlich schnell wieder, sobald Sie gegangen sind. Sie ähneln darin Kindern, die auch aufhören zu weinen, wenn ihre Mütter außer Sichtweite sind.

In guten Transportbehältern ist eine Wasserschüssel angebracht, die von außen gefüllt werden kann. Bei einem normalen Flug (bis zu achtzehn Stunden) braucht die Katze kein Futter; unterwegs zu fressen, könnte sie eher reisekrank machen. Auf längere Flüge kann trockenes oder halbtrockenes Futter mitgegeben werden. Es hält sich gut und kann vom Personal leicht gefüttert werden. Am besten füttert man die Katze vier Stunden vor Abflug zum letzten Mal, so daß sie Unverdautes wieder ausscheiden kann. Die meisten Katzen verhalten ihr Geschäft während der Reise; es wäre deshalb nicht gut, ihnen den Bauch mit Futter zu belasten.

Es wird manchmal empfohlen, den Transportbehälter im voraus zu kaufen und die Katze schon zu Hause daran zu gewöhnen. Sie können es natürlich ausprobieren, aber ich finde nicht, daß es eine große Hilfe ist. Aus dem Behälter auf die Sicherheit der gewohnten Umgebung zu blicken, hat mit dem Anblick von Fremden auf dem Flughafen, dem Geheul der Flugzeugmotoren und all dem übrigen aufregenden Drum und Dran nichts zu tun. Ich habe noch nie erlebt, daß es bei Luftfracht irgendwelche Schwierigkeiten gegeben hätte. Einmal habe ich sogar zwei junge Siamkatzen von Los Angeles nach Zimbabwe (Rhodesien) geschickt. Die neue Besitzerin berichtete, daß die Kätzchen aus dem Behälter krabbelten, sich in ihre Arme warfen, sie ableckten und um die Wette schnurrten.

Dennoch: Viel besser ist es natürlich, wenn man die Katze auf der Flugreise begleitet. Bucht man bei der Reservation für sich einen Platz, muß man gleichzeitig auch die Katze für den Flug anmelden, denn pro Klasse oder Sektion im Flugzeug wird nur immer ein Tier zugelassen. Die Katze wird sozusagen als Handgepäck mit in die Kabine genommen, selbstverständlich entweder im eigenen Transportkorb oder in einer der preiswerten Tragetaschen, die von der Fluggesellschaft zu bekommen sind. Das Gewicht darf etwa zehn Kilo (manchmal auch weniger) betragen. Verrechnet wird für die Katze pro Kilogramm Gewicht ein Prozent des Erstklaßtarifs. Impfzeugnisse und eventuelle weitere Papiere dürfen auch hier nicht vergessen werden; erkundigen Sie sich rechtzeitig danach.

In der Eisenbahn können Katzen, sofern sie in einem Transportkorb oder dergleichen untergebracht sind, ins Abteil mitgenommen werden. Im Gegensatz zu den Hunden, für die eine Fahrkarte 2. Klasse zum halben Preis zu lösen ist, fahren Katzen in Deutschland, Österreich und in der Schweiz gratis; in den übrigen europäischen Ländern dürften sie ebenfalls umsonst befördert werden. Sie in Deutschland als Expreßgut oder in der Schweiz als bevorzugtes Schnellgut zu verschicken, ist zwar möglich, doch nicht empfehlenswert. In Schlaf- und Liegewagen werden außer Hunden keine Tiere zugelassen oder höchstens in einem Abteil ohne fremde Mitreisende. Sicher wird das Bahnpersonal hie und da ein Auge zudrücken, aber es ist auch nicht ausgeschlossen, daß man mit einer Katze in einem Schlaf- oder Liegewagen Schwierigkeiten bekommt. Vorheriges Einholen von Informationen ist deshalb ratsam.

Nebenbei bemerkt: Katzen sind nicht nur gegen Transportrisiken versicherbar, sondern auch gegen Krankheit, Unfall, Todesfall, Diebstahl usw. In eine Brandversicherung zum Beispiel ist die Katze, da man sie versicherungstechnisch als «Sache» betrachtet, ohne besonderes Zutun eingeschlossen. Für die übrigen Versicherungsarten gibt es Tierversicherungs-Anstalten, mit denen man entsprechende Verträge abschliessen kann.

16 Dies und das

Wie bestimmt man das Alter einer Katze?
Ehe ich die richtige Formel herausgefunden hatte, nach der man das Alter einer Katze berechnet, wunderte ich mich immer darüber, wieviele Katzen hundertvierzig Jahre alt wurden!

Das änderte sich, als ich an einem Katzenseminar teilnahm. Ich erzählte von meiner einundneunzigjährigen Katze (sie war dreizehn, aber ich hatte gelernt, bei Katzen müsse man die Anzahl der Jahre mit sieben multiplizieren), als mir zu meiner größten Verlegenheit eine der Leiterinnen eine neue Formel mitteilte, nach der man das Alter einer Katze errechnet. Nach dieser Formel war meine Katze erst achtundsechzig!

Die Formel lautet: Mit einem Jahr ist eine Katze einem Menschen von etwa zwanzig Jahren vergleichbar. Jedes weitere Jahr wird mit vier multipliziert. Meine Katze war also zwanzig, als sie ein Jahr auf der Welt war, und wenn man die restlichen zwölf Jahre mit vier multiplizierte, ergab sich ein «menschliches» Alter von ungefähr achtundsechzig Jahren.

Das ergibt auch viel mehr Sinn. Die meisten Katzen werden vor Vollendung des ersten Lebensjahres geschlechtsreif, werden rollig und haben vielleicht sogar schon Junge. Nach der alten Formel, nach der jedes Lebensjahr mit sieben zu multiplizieren war, hätten siebenjährige «Babys» schon wieder Kinder! Die neue Formel ist vernünftiger, denn mit achtzehn oder zwanzig haben auch viele Menschenkinder schon wieder Nachwuchs.

Stimmt es, daß Kater ihren Nachwuchs töten?
Ich weiß nicht, woher diese Märchen und abergläubischen Behauptungen kommen; diese jedenfalls gehört dazu. Soweit ich weiß, gibt es überhaupt keinen Beweis dafür, daß Kater ihre Jungen töten.

Viele Züchter haben mir erzählt, was für ausgezeichnete «Mütter» ihre Kater abgeben, daß sie die Jungen ablecken, mit ihnen spielen und sie sogar an sich saugen lassen. Von meinen eigenen Katern weiß ich, daß sie sich darauf freuen, mit den Jungen zu spielen und ganz sanft und vorsichtig mit ihnen umgehen. Dagegen kenne ich viele Fälle von Kätzinnen, die die Jungen einer anderen Katze angriffen und sie zu verletzen oder zu töten versuchten.

Wo es Kolonien von freilebenden Katzen gibt, zum Beispiel auf Bauernhöfen, kann es schon vorkommen, daß Katzennachwuchs von Katern oder von Katzen getötet wird, jedoch kaum von den Katzeneltern, die ihre Jungen meist gegen Angriffe verteidigen. Bei getöteten Jungen ist häufig innerlich etwas nicht in Ordnung gewesen, oder dann wissen die großen Katzen, daß die Nahrung auf ihrem Gebiet begrenzt ist, so daß weitere Katzen zu einer Belastung würden.

Meiner Meinung nach müssen wir jeden Fall für sich betrachten. Es mag Kater und Katzen geben, die ihre Jungen töten, während andere es nie tun. Eine Verallgemeinerung wie «Kater bringen ihren Nachwuchs um» dürfen wir aber nicht akzeptieren.

Gesprenkelte Fußballen

Vielleicht haben Sie schon erlebt, daß alle vier Fußballen eines Kätzchens sich von einer einheitlichen Farbe zu einem gesprenkelten Rosa verändern, wenn es älter wird. Es sieht fast so aus, als hätte es sich die Pfoten am Ofen verbrannt! Wenn Sie es aber voller Besorgnis zum Tierarzt bringen, kann dieser keinen Grund für die Veränderung finden.

Manche Tierärzte machen die Ernährung dafür verantwortlich, andere meinen, die Katze müsse über Metall gelaufen oder mit einer Chemikalie in Berührung gekommen sein, was die Ballen so verändert habe. Wenn Ihre Katze zur Rasse der Siamesen, Perser Colourpoint oder Burma-Katzen gehört oder teilweise von solchen abstammt, ist diese Sprenkelung ein völlig normaler Vorgang.

Die Anlage für gesprenkelte Fußballen ist genetisch mit dem Faktor für weiße Abzeichen verbunden, der im Erbgut der Rassen mit Siam-Abzeichen vorhanden ist. Im Durchschnitt weist eines von vier Kätzchen diese Sprenkelung der Fußballen auf, die im allgemeinen erst in Erscheinung tritt, wenn sie ausgewachsen sind.

Ein Katzenzüchter wird sich vielleicht überlegen, ob er mit einer Blutlinie weiterzüchtet, in der dieses Gen verstärkt auftritt, aber bei einer Hauskatze ist die Sprenkelung normal und verliert sich auch nicht mehr.

Extrazehen (Polydaktylie)

Normalerweise hat eine Katze an jeder Vorderpfote fünf und an jeder Hinterpfote vier Zehen. Hat sie auch nur eine Zehe mehr, spricht man von Polydaktylie.

Für einen Genetiker ist eine Katze mit Extrazehen «mißgebildet», und ich würde auch niemandem empfehlen, solch eine Katze absichtlich zu züchten. Eine Extrazehe mag noch nicht viel ausmachen, aber zwei oder drei können schon zu einer schweren Mißbildung des Fußes führen.

Als Folge der selektiven Paarung finden sich bei den anerkannten Katzenrassen kaum Exemplare mit Extrazehen. Wenn Mißbildungen überhaupt vorkommen, dann gewöhnlich in der Form, daß zwei Zehen zusammengewachsen sind, so daß es aussieht, als hätte die Katze an einer Pfote nur zwei oder drei Zehen. Am anfälligsten für Extrazehen sind von den Rassekatzen die Maine Coon. Noch vor zehn Jahren kamen sie bei ihnen so häufig vor, daß sie laut Rassestandard sogar erlaubt waren. In den sechziger Jahren entschlossen sich die Züchter, die sich der Vervollkommnung der Maine Coon gewidmet hatten, klugerweise, diese Mißbildung in der Rasse nicht weiterzuführen. Seither schließt der Standard Extrazehen aus, und man ist bemüht, den Faktor für Extrazehen aus der Zucht zu eliminieren.

Wild lebende Katzen

Waren Sie vom Anblick von Wildkatzen, Ozelots, Servals, Luchsen usw. im Film oder im Zoo auch schon einmal so begeistert, daß Sie sich gefragt haben, ob diese herrlich gezeichneten Tiere nicht auch gute Haustiere abgeben würden?

Wild lebende Katzen, zu denen die eben genannten Kleinkatzen gehören, aber auch Großkatzen wie Leoparden, Löwen, Tiger usw., passen sich jedoch nie ganz an das Leben unter

Menschen an. Wenn sie jung sind, sind sie hinreißend, zärtlich und leicht zu behandeln. Je älter sie werden, desto gefährlicher werden aber ihre Zähne und Krallen, und dann lassen ihnen die meisten Besitzer irgendwann einmal Zähne und Krallen vom Tierarzt entfernen. Die Narkose, die für diese Operation notwendig ist, überleben Kleinkatzen in vielen Fällen nicht. Außerdem besitzen wild lebende Katzen keinerlei natürliche Immunität gegen die Krankheitskeime ihrer neuen, häuslichen Umgebung. Und die Antibiotika, die für Haustiere entwickelt wurden, wirken bei ihnen nicht unbedingt.

Der gefährlichste Aspekt bei der Haltung einer wilden Klein- oder Großkatze als Haustier ist die Wahrscheinlichkeit, daß der angeborene Instinkt des Raubtiers durchbricht. Aus spielerischen Angriffen kann Ernst werden; die Katze kann aber auch, was noch schlimmer ist, grundlos Sie, Ihre Kinder oder Gäste angreifen.

Selbst unsere Hauskatzen attackieren sich oft gegenseitig oder gehen auf einen Fremden los. Wie kann man dann von einem Tier der Wildnis erwarten, daß es «brav» ist?

Das Einfangen wilder Tiere überläßt man am besten den Profis, die die entsprechenden Unterbringungsmöglichkeiten haben und wissen, wie man mit ihnen umgeht. Gesetzliche Vorschriften verbieten es übrigens, daß Katzen aus der freien Wildbahn von Privatleuten importiert oder gekauft werden dürfen.

Weiße Katzen – taub, aber keineswegs dumm

Viele Besitzer weißer Katzen können sich nicht erklären, was mit ihren Katzen vorgeht, wenn sie älter werden. Wie sie sagen, strotzen die Katzen vor Kraft und Gesundheit, nehmen aber immer weniger Notiz von der Stimme ihrer Besitzer. Sie tun, als wären sie taub! Die Besitzer befürchten dann, daß diese Katzen einfach dumm sind und nicht die geeigneten liebevollen Gefährten abgeben.

Es hat einen genetischen Grund, daß viele blauäugige weiße Katzen schon taub auf die Welt kommen. Solche mit verschiedenfarbigen Augen (eines orangefarben, eines blau) sind auf der Seite des blauen Auges taub, während diese Gefahr bei solchen mit orangefarbenen Augen kaum besteht.

Wenn Ihre weiße Katze nicht mehr so aufmerksam und zugänglich ist wie früher, ist es an Ihnen, sich auf ihre Behinderung einzustellen. Gehen Sie nie von hinten an die Katze heran, wenn Sie sie hochnehmen wollen. Da sie Sie weder hören noch sehen kann, beißt oder kratzt sie Sie vielleicht vor Schreck und Überraschung. Die Katze muß Sie immer kommen sehen; zumindest müssen Sie ihr die Hand seitlich an den Kopf halten, damit sie Sie wahrnimmt.

Wenn Sie mit der Katze sprechen oder ihr ein Kommando geben wollen, müssen Sie darauf achten, daß die Katze Sie sieht, und einfach Handzeichen statt der Stimme verwenden. Die Katze kann den Verlust des Gehörs sehr gut durch Geruch und Augen ausgleichen. Was sonst an Anpassung noch anfällt, ist Ihre Sache.

Katzen können sich ebensogut anpassen wie Menschen. Bei einer meiner Katzen mußte mit neun Jahren ein Auge entfernt werden, und die restlichen sieben Jahre ihres Lebens saß sie immer mit schräg geneigtem Kopf da und betrachtete die Welt mit dem verbliebenen Auge. Bei einem Katerchen wurde das Auge schon mit sechs Wochen entfernt, und da Teddy Einauge, wie er nun heißt, sich nie an das Sehen mit zwei Augen gewöhnt hatte, hielt er seinen Kopf immer gerade, ob er nun saß, lief oder herumsprang.

Die Anlage zur Taubheit bei weißen Katzen ist nicht auf bestimmte Rassen beschränkt, sondern allen weißen Katzen eigen, ob sie nun langhaarig oder kurzhaarig sind.

Da wir gerade von weißen Katzen sprechen, mag es interessant sein zu wissen, daß viele reinweißen Kätzchen mit einem grauen oder schwarzen Fleck auf dem Kopf geboren werden. Er verschwindet allmählich wieder und ist nicht mehr zu sehen, wenn sie ein Jahr alt sind. Manche Züchter glauben, daß solch ein dunkler Fleck bedeutet, daß die Katze nicht taub wird, aber dafür gibt es keinen wissenschaftlichen Beweis.

Gibt es Calico-Kater?

Fast jeder hat schon einmal gehört, daß männliche Vierfarbenkatzen (Schildpatt mit Weiß), in Amerika Calico genannt, äußerst selten und wertvoll sind. In amerikanischen Büchern wird der Wert eines Calico-Katers, der Nachwuchs zeugen kann, mit mehreren Hunderttausend Mark angegeben. Stimmt das? Wer würde solch einen Kater kaufen? Lassen Sie mich zuerst von den anderen Farben sprechen, die normalerweise nur bei Kätzinnen vorkommen: Blaucreme und Schildpatt.

Damit Sie die Farbe Ihrer eigenen Katze einordnen können, gebe ich eine kurze Beschreibung der drei Farbschläge.

Bei der Calico-Katze überwiegt die Grundfarbe Weiß. Sie hat einfarbig schwarze und rote Flecken, während Bauch, Beine und Kehle vollständig weiß sind. Eine echte Calico darf keine anderen Farben und schon gar keine Tigerstreifen aufweisen. Das Wort Calico bezeichnet im übrigen einen rein amerikanischen Standard. Die Entsprechung bei uns ist die Europäische Kurzhaar in Schildpatt und Weiß, bei der die dreifarbigen, klar abgesetzten Flecken Schädel, Ohren, Wangen, Körper und Schwanz bedecken müssen, ohne daß Weiß irgendwo vorherrschend ist.

Verwirrend ist auch die Bezeichnung Rot als Fellfarbe. Um die Jahrhundertwende wurde diese Farbe noch Orange genannt. Vor etwa vierzig Jahren änderten die Genetiker die Bezeichnung in Rot, und in den siebziger Jahren beschlossen dieselben Genetiker, die Farbe doch lieber wieder Orange zu nennen. Ich erwähne das deshalb, weil in heutigen Farbbeschreibungen noch immer das Wort Rot verwendet wird. Es steht aber zu erwarten, daß es allmählich wieder durch Orange ersetzt wird.

Eine Schildpatt-Katze ist im wesentlichen eine Katze mit schwarzen, roten (orangefarbenen) und cremefarbenen Flecken.

Eine Blaucreme-Katze, ebenfalls ein amerikanischer Farbstandard, ist gleichmäßig blau und creme gefleckt, ohne daß eine Farbe vorherrscht. Die Bezeichnung Blau ist etwas irreführend, weil es sich eigentlich mehr um ein Schiefergrau handelt. Tatsächlich wird in einem der führenden Bücher über die Erbanlagen von Katzen auch von «blau (schiefer)» gesprochen.

Calico, Blaucreme und Schildpatt sind keine Rassen, sondern Farbschläge. Sie kommen bei allen möglichen Rassen einschließlich Perser, Maine Coon, Amerikanisch und Europäisch Kurzhaar, Manx und Rex vor, um nur einige zu nennen. Und natürlich bei der Hauskatze.

Ein Kater in der Farbe Schildpatt mit Weiß, Schildpatt oder Blaucreme (ohne Tigerstreifen) ist wirklich äußerst selten! Und selbst wenn es einmal einen gibt, ist er gewöhnlich unfruchtbar. Damit sind wir wieder bei der Frage, was ein Calico-Kater wert ist. Einen Wert besitzt er überhaupt nur für ein Forschungslaboratorium, das aber vermutlich nicht über die nötigen Mittel für den Ankauf verfügt. Es gibt in Wirklichkeit also überhaupt keine Käufer für solche Kater. Außerdem züchten die meisten Forschungslaboratorien inzwischen ihre dreifarbigen Katzen selbst, damit sie sich der Abstammung sicher sein können.

Nach einigen vierzig Jahren Forschungsarbeit ist es den Wissenschaftlern noch immer nicht gelungen, diese Laune der Natur zu enträtseln und einen Calico-Kater zu züchten, der seinerseits Calico-Kater zeugen könnte. Vielleicht bleibt dieses Geheimnis für immer ungelöst.

Das Landen auf allen vieren

Ein weiterer Mythos, mit dem aufgeräumt werden sollte! Eine Katze landet nach einem Sturz aus großer Höhe durchaus nicht immer auf allen vieren. Sie mag es instinktiv versuchen, aber das tut ein Hund – oder ein Mensch – auch. Meine eigenen Katzen sind von Waschbecken, Regalen und Kratzpfosten heruntergefallen und haben sich Beine, Hüften oder Rücken gezerrt oder sogar gebrochen. Eine meiner Siamkatzen brach sich bei einem Sturz sogar das Genick! Die Röntgenaufnahme zeigte einen sauberen Bruch, aber sie hatte so starke Bänder, daß sie überlebte. Anderen Züchtern sind ähnliche Unglücksfälle passiert, bei denen sie Tiere aufgrund von Hüft oder Rückenverletzungen verloren.

Die meisten von uns, die Katzen von Geburt an großziehen, haben erlebt, daß die Katzen so vertrauensselig sind, daß sie sich von jedem Fremden mit den Beinen nach oben hochnehmen und langsam wieder senken lassen, ohne daß sie auch nur den Versuch unternehmen, sich herumzudrehen! Wenn ich mir vorstelle, was passieren würde, wenn wir die Katze absichtlich fallen ließen, bekomme ich eine Gänsehaut...

Um es noch einmal zu sagen: Eine Katze, die aus einiger Höhe herunterfällt – weil sie gestoßen worden oder ausgerutscht ist –, hat etwa ebenso große Chancen, auf den Füßen zu landen, wie Sie und ich.

Testamentarische Verfügungen zugunsten von Katzen

Als Katzenbesitzer tun Sie gut daran, Ihre Katze in Ihrem Testament zu erwähnen. Dieser Letzte Wille wird respektiert, soweit die darin enthaltenen Auflagen nicht unsinnig oder unsittlich sind und niemandes Pflichtteil verletzen. Erben oder ein Vermächtnis bekommen muß eine natürliche oder juristische Person; Weisungen kann man einem Testamentsvollstrecker erteilen. Soll sich ein Freund oder Verwandter um die Katze(n) kümmern, müssen Name und Adresse im Testament festgehalten werden. Soll sie eingeschläfert werden, muß auch dies ausdrücklich verfügt werden.

Wenn Sie zu den Leuten gehören, die es sich leisten können, ein gewisses Kapital zugunsten der Katze zu hinterlassen, und wenn Sie sicher gehen wollen, daß alles so geschieht, wie Sie es wünschen, sprechen Sie am besten mit Ihrem Rechtsberater und legen alles testamentarisch fest.

Es ist sehr wichtig, daß das, was mit der Katze geschehen soll, in einem gesetzlich gültigen Dokument festgehalten wird. Wenn Sie ohne solche Vorsorgemaßnahmen sterben, lassen Ihre Verwandten die Katze vielleicht einfach einschläfern.

Die meisten Züchter in meinem Bekanntenkreis setzen sich im Testament gegenseitig zu Erben der vorhandenen Katzen ein. Stirbt einer, ist der andere ermächtigt, die Katzen zu übernehmen und sie auf seinen Namen eintragen zu lassen. Als Katzenzüchter sollten Sie ein Verzeichnis all Ihrer Katzen unterhalten, in dem jede Katze mit Name, Alter, Farbe und Foto aufgeführt ist. Es ist sonst für andere sehr schwer, die Eintragungen beim Zuchtverband mit jeder einzelnen Katze in Einklang zu bringen.

Zuschlagende Türen

Wenn Sie bei warmem Wetter der besseren Durchlüftung wegen die Türen im Haus öffnen, müssen Sie entweder mit einem Türstopper oder einem Stuhl dafür sorgen, daß keine Tür plötzlich zuschlagen kann, wenn ein Wind aufkommt.

Vor einigen Jahren, als mir die mit zuschlagenden Türen verbundenen Gefahren noch nicht bewußt geworden waren, ließ ich die Eingangstür ohne einen Türstopper offenstehen. Bad Little Girl saß davor und sah den Blättern zu, die über den Rasen wirbelten. Plötzlich kam ein Windstoß, die Tür flog zu und klemmte Little Girl den Schwanz ein. Die Metallkante am unteren Ende schnitt den Schwanz beinahe durch, und die Arme mußte schrecklich leiden, bis ich einen Tierarzt gefunden hatte, der sie versorgen konnte.

Nach diesem Unfall sorgte ich dafür, daß Vorder- und Hintertür festgestellt werden konnten, aber dann merkte ich, daß auch die Schlafzimmertüren manchmal zuschlugen, wenn der Wind aus der richtigen Richtung blies. Damit nicht noch mehr Katzen verletzt oder verstümmelt werden, habe ich seither überall Türstopper angebracht und stelle alle offenen Türen fest.

17 Katzen, frei und im Auslauf

Jagd auf Vögel

Es liegt in der Natur der Katze, Vögel und kleine Tiere zu jagen und zu fangen. Man kann einer Katze das Jagen nicht austreiben; man kann aber einiges tun, damit sie keine Vögel erwischt. Da ihr für gewöhnlich nur junge oder kranke Vögel zum Opfer fallen, genügt es eigentlich, die Katze ein paar Wochen im Frühling eingesperrt zu halten, bis die Jungvögel gewitzt genug sind, sich ihren Nachstellungen zu entziehen. Ob sich allerdings die Katze mit der Klausur abfindet, ist wieder eine andere Frage. Sofern Sie sich noch eingehender als sonst mit ihr beschäftigen, besteht natürlich mehr Aussicht auf Erfolg. Die nachstehenden Ratschläge sollten mit Vorbehalt aufgenommen werden, weil deren Wirksamkeit zweifelhaft und deren Notwendigkeit umstritten ist.

Wenn Ihre Katze ins Freie darf, können Sie ihr unter Umständen ein Sicherheitshalsband für Katzen kaufen und daran ein Glöckchen befestigen. Die meisten Vögel entkommen rechtzeitig, wenn sie die Katze kommen hören. Viele Katzen lernen es freilich, sich anzuschleichen, ohne daß das Glöckchen bimmelt. Mit einem normalen Halsband kann sich die Katze erwürgen, wenn es sich in einem Busch oder an einem Zaun verfängt. Ist es nicht Ihre, sondern die Nachbarkatze, die die Vögel in Ihrem Garten erschreckt oder fängt, bitten Sie – wenn Ihnen die Maßnahme als wirklich sinnvoll und dringlich erscheint – den Nachbarn, seiner Katze solch ein Sicherheitshalsband mit Glöckchen umzulegen.

Das einzige Mittel, mit dem man Katzen sonst noch die Vogeljagd vermiesen kann, ist das Spritzen mit dem Gartenschlauch. Dazu müssen Sie aber im Garten sein und den Schlauch zur Hand haben, wenn die Katze gerade Jagd auf einen Vogel macht. Rufen Sie «Nein!» und verabreichen Sie ihr eine Dusche.

Das können Sie natürlich auch mit allen fremden Katzen machen, die in Ihren Garten kommen. Die Lust an der Vogeljagd werden sie durch die kalte Dusche kaum verlieren, doch sie wird sie sicher davon überzeugen, daß Ihr Garten kein angenehmer Aufenthaltsort ist.

Zerstörungen im Garten

Es ist nicht einfach, eine Katze – ob die eigene oder eine fremde – davon abzuhalten, sich an den Blumen und Gemüsen in Ihrem Garten gütlich zu tun oder sie niederzutrampeln. Versuchen Sie es mit geduldiger Erziehung und wenn alles nichts nützt, mit einer kalten Dusche aus dem Gartenschlauch. Gehört das Tier einem Nachbarn, suchen Sie mit ihm zu einer gütlichen Verständigung zu kommen. Verkäufliche Abschreckungsmittel sind nicht zu empfehlen, weil die meisten Katzen überhaupt nicht darauf reagieren.

Auch die Errichtung eines Elektrozauns um den Garten kann ich aus mehreren Gründen nicht befürworten. Warum müssen Sie die Katze mit einem Elektroschock verletzen, wenn Sie sie auch mit Wasser oder scharfem Pfeffer vertreiben können? Und wenn Kinder oder Sie selbst aus Versehen in den Draht stolpern? Außerdem lernt jede Katze sehr bald, unter dem Draht durchzukriechen oder darüberzuspringen.

Ungeladene Gäste

Wenn Sie ein Katzentürchen haben, durch das Ihre Katze nach Belieben ein- und ausgehen kann, dürfen Sie sich nicht wundern, wenn Ihre Katze eines Tages einen Gast mitbringt.

Sie bringen die fremde Katze am schnellsten wieder aus dem Haus, wenn Sie ruhig bleiben und den Kopf behalten. Die Katze dürfte sowieso schon ziemlich verstört sein, wenn sie sich an einem fremden Ort plötzlich einem Fremden gegenübersieht. Wenn Sie nun außerdem herumrennen, mit den Armen wedeln und in den höchsten Tönen schreien, scheuchen Sie sie nur in irgendein abgelegenes Versteck.

Schließen Sie einfach, wenn Sie den Eindringling entdeckt haben, alle Türen, so daß die Katze auf einen oder zwei Räume beschränkt ist. Dann öffnen Sie dort ein Fenster oder eine Tür nach draußen und lassen die Katze allein.

Leistet der unwillkommene Gast dieser dezenten Aufforderung keine Folge, gehen Sie selbst in den Raum hinein (vergessen Sie aber nicht, die Tür wieder hinter sich zu schließen) und langsam und ruhig auf die Katze zu, wobei Sie einen Besen auf Armeslänge vor sich halten. Sie brauchen die Katze mit dem Besen überhaupt nicht zu berühren; drängen Sie sie nur in Richtung auf das offene Fenster oder die offene Tür.

Verfängt auch dies nicht, stellen Sie einen Teller mit Futter in die Tür, die die Katze benützen soll. Hat sie sich erst einmal dorthin locken lassen, kann man sie ganz einfach mit dem Besen «hinauskehren».

Auslauf im Freien

Eine Katze kann auch dann ein langes und glückliches Leben führen, wenn sie nicht ins Freie darf. Wenn es Sie jedoch bedrückt, daß Ihre Katze nicht gefahrlos nach draußen kann, gibt es einige Ausweichmöglichkeiten.

Es ist fast unmöglich, einen ganzen Hof katzensicher einzuzäunen, aber wenn Sie die Zeit und die Mittel haben, können Sie mit einem normal eingezäunten Hof beginnen. Befestigen Sie ungefähr sechzig Zentimeter breiten Maschendraht auf dem eigentlichen Zaun, und zwar so, daß er in einem Winkel von etwa 45° schräg nach innen steht. Um diese Schräge zu überwinden, müßte die Katze mit dem Kopf nach unten laufen. Ein Vorteil dieser Methode ist, daß der Hof frei von Außengebäuden und Drahtgehegen bleibt.

Eine Katze braucht wirklich nicht den ganzen Hof, um sich zu sonnen, und deshalb können Sie ihr leicht einen kleinen Auslauf aus Maschendraht bauen, der sich an die Hauswand oder die Garage anlehnt, so daß Sie eine Seite sparen. Der Auslauf muß nicht sehr groß sein, denn Bewegung kann sich die Katze genügend verschaffen, wenn sie im Haus den Kratzpfosten hinauf- und hinunterklettert. Er muß so groß sein, daß sich die Katze darin bewegen kann, und so sicher, daß die Katze nicht entwischen kann, zugleich jedoch vor fremden Hunden und Katzen geschützt ist.

Als Dauergehege besonders geeignet sind die großen Drahtkäfige, wie sie von manchen Käfigherstellern angeboten werden.

Wenn Sie mehrere Katzen haben, ist ein Auslauf praktisch, der durch ein Fenster zugänglich ist. Sie können bei schönem Wetter das Fenster offen lassen, so daß die Katzen nach Belieben hinaus- und hereinspazieren können.

Bei all diesen Möglichkeiten müssen Sie aber streng darauf achten, innerhalb des für die Katze eingezäunten Bereichs keine chemischen Sprühmittel zu verwenden, die zu Vergiftungen führen könnten. Es ist leider ziemlich wahrscheinlich, daß die Katze sich bei jedem Ausflug ins Freie von neuem mit Flöhen und Würmern ansteckt. Achten Sie also auf die entsprechenden Symptome.

Wenn Sie keinen Hof haben oder auf Reisen sind, versuchen Sie es damit, die Katze anzuleinen und das Ende der Leine an einem großen Zementblock zu befestigen. Die Leine muß so lang sein, daß die Katze viel Bewegungsfreiheit hat. Der Zementblock verhindert, daß sie auf die Straße hinausläuft oder wegrennt.

Auch Hauskatzen, die nie ins Freie kommen, können Sonne und frische Luft genießen, wenn sie am offenen Fenster auf dem Fensterbrett sitzen. Wenn es in Ihrer Wohnung keine Fensterbretter gibt, kaufen oder machen Sie sich ein mit Stoff überzogenes Brett und befestigen Sie es mit Winkelstützen.

Gefahren im Freien

Katzen sind in gewohnter Umgebung im Haus glücklich und zufrieden, aber ihre Neugier treibt sie bald auf Entdeckungsreisen außerhalb ihrer vier Wände. Wenn sie einmal draußen waren, wird die Umgebung ebenfalls Teil ihres Gebietes und muß unbedingt erforscht werden. Katzen kann man nicht «ab und zu» drinnen halten. Wenn sie häusliche, lerneifrige Gefährten werden sollen, muß man sie immer im Haus halten. Sobald sie nach draußen kommen, werden ihre Überlebensinstinkte (Aggression und das Spritzen an Türen, Fenster und Autos als Gebietsmarkierung) wach, und diese Instinkte bringen sie auch mit nach Hause zurück. Es ist ein bißchen viel verlangt, daß die Katze begreifen soll, daß sie zwar draußen, aber nicht drinnen spritzen darf.

Abgesehen von der Tatsache, daß eine Hauskatze, die auch ins Freie darf, immer einige Instinkte des Wildtieres zurückbehalten wird, lauern aber auch im «sicheren Wohngebiet» viele Gefahren auf eine Katze.

Gift
Viele Gartenpflanzen sind für Katzen giftig. Die meisten Düngemittel werden in Verbindung mit Wasser aus dem Gartenschlauch oder Regen giftig, so daß sich Katzen vergiften können, wenn sie kleine Wasserlachen um Pflanzen herum auflecken. Sie können auch kleine Nagetiere fressen, die vergiftetes Futter oder vergiftete Pflanzen gefressen haben. Selbst wohlgenährte Katzen finden manchmal die Düfte aus Mülleimern unwiderstehlich. Sehr oft ist der Abfall darin schon verdorben, so daß sie eine Lebensmittelvergiftung oder ähnliches davontragen.

Sprühmittel gegen Blattläuse oder gegen Fliegen, Spinnen und Schaben sind für Katzen giftig. Ein besonders schnellwirkendes Gift ist in den Antifrostmitteln enthalten, mit denen man Automotoren wintersicher macht.

Krankheiten
Katzen, die Zugang ins Freie haben, stecken sich ständig von neuem mit Flöhen und Würmern an, die wiederum Krankheiten und Komplikationen mit sich bringen. Würmer, die sich im Herzen und in den Lungenarterien ansiedeln, kommen bei Katzen zwar selten vor, können aber durch Mückenstiche übertragen werden. Blasenerkrankungen lassen sich oft nicht feststellen, weil die Katze ihre schmerzhaften Urinierversuche mit blutigem Urin nach draußen verlegt. Beobachten Sie deshalb ihr Verhalten stets aufmerksam und betrachten Sie es als Alarmzeichen, wenn sich eine Katze, die sonst ständig in Ihrer Nähe weilt und Ihre Gesellschaft sucht, versteckt. Ist man zu sorglos, findet man die Katze manchmal erst, wenn es für jede Hilfe zu spät ist.

Fallen
Fangeisen sind zwar in den deutschsprachigen Ländern verboten, werden aber in ländlichen Gegenden und auch in Wohngebieten gelegentlich noch benutzt. Stellen Sie sich die Qualen vor, die Ihre Katze erleidet, wenn sie in ein solches Fangeisen gerät.

Menschliche Grausamkeit
Sowohl Kinder als auch Erwachsene schießen auf Katzen mit Gewehren und Luftgewehren oder werfen mit Steinen nach ihnen. Sie lassen Katzen am Schwanz kreisen, werfen sie aus dem Fenster oder übergießen sie mit Benzin oder Kerosin und zünden sie an.

Selbst ohne Feuer kann die Katze von der Flüssigkeit allein schon schwere Verätzungen davontragen.

Hunde und fremde Katzen

Die wohlerzogensten und liebevollsten Hunde spielen beim Anblick einer Katze oft verrückt und versuchen alles, um sie umzubringen oder wenigstens zu verletzen. Selbst von fremden Katzen können Katzen so gebissen werden, daß sich die Bisse – obwohl äußerlich verheilt – innen infizieren und unsichtbare Abszesse bilden. Manchmal wird die Wunde erst entdeckt, wenn jede Hilfe zu spät kommt.

Autos

Katzen wittern ihre Feinde, und da Autos nicht wie ein Raubtier riechen, haben sie keine Angst vor ihnen. Eine Katze, die sich gerade von einem schweren Autounfall halbwegs erholt hat, kann schnurstracks wieder vor ein Auto laufen. Es gibt vieles, was eine Katze dazu verlockt, eine Straße zu überqueren. Ein Hauptgrund ist der Wunsch, ihr Gebiet zu erforschen oder zu vergrößern. Es kann aber auch ein Vogel oder ein Schmetterling sein, der die Katze zum Eindringen in fremde Reviere verleitet. Der Anblick einer fremden Katze, die auf der anderen Straßenseite steht, genügt ebenfalls, daß sich die Katze, die sich als Hüter des Hauses fühlt, quer über die Straße auf den Eindringling stürzt und ihn zu verjagen versucht.

Katzenmütter entwickeln einen besonderen Hüteinstinkt für ihre nächste Umgebung und schlagen mehr als einen Hund und eine Katze in die Flucht, um ihren Nachwuchs zu beschützen. Sehr oft bedeutet das, daß sie die Straße überqueren müssen, um die Eindringlinge zu vertreiben.

Unkastrierte Kater dulden, einem tiefverwurzelten Instinkt folgend, keine Nebenbuhler in der Nachbarschaft. Sie jagen sich oft mehrere Häuserblocks oder Straßen weit, bis der Sieger das Gefühl hat, den Unterlegenen weit genug vertrieben zu haben.

Eine Straße ist kein Hindernis für eine Katze, dic auf der anderen Seite nach Futter sucht.

Dann gibt es noch die Katze, die in Panik vor anderen Katzen, Hunden oder sogar Menschen davonläuft und sich von heranbrausenden Autos nicht davon abhalten läßt, über die Straße zu laufen.

Auch friedfertigen Katzen bleiben Schwierigkeiten nicht erspart. Sie sind oft gesellige Typen, die den Tag mit Besuchen bei anderen Katzen oder Nachbarn verbringen, die sie mit kleinen Leckerbissen verwöhnen oder mit ihnen schmusen. Auch dazu muß die eine oder andere Straße überquert werden, und irgendwann sind auch sie nach dem Gesetz der Wahrscheinlichkeit an der Reihe und werden überfahren.

Es gibt kein chemisches Mittel, das eine Katze davon abhalten würde, die Straße zu überqueren, doch ist es durch geduldige und verständnisvolle Erziehungsarbeit durchaus möglich, ihr beizubringen, daß sie beim Traversieren einer Straße aufpassen muß.

Wenn Katzen verloren gehen

Über die Fähigkeit der Katze, aus weiten Entfernungen nach Hause zu finden, kursieren, von Büchern und Filmen genährt, die wildesten Gerüchte. Wenn sich eine Hauskatze jedoch zu weit von zu Hause entfernt hat, kann sie die Orientierung verlieren; Angst und Hunger können sie immer weiter treiben, bis sie den Heimweg nicht mehr findet. Viele bleiben, wo sie sind, und vertrauen darauf, daß Herrchen oder Frauchen sie schon finden werden, was aber oft gar nicht so einfach ist. Andere legen sich in einem Auto schlafen und wachen erst weit weg von zu Hause in völlig fremder Umgebung wieder auf. Die meisten finden nicht mehr heim.

18 Alles über Paarung und Aufzucht

Geburtenkontrolle

Wir Züchter halten ständig Ausschau nach einer sicheren Methode der Geburtenkontrolle, die nicht in Sterilisation oder Kastration besteht. Zu Beginn der sechziger Jahre kam in den USA ein Injektionsmittel auf den Markt, welches das Rolligwerden der Kätzinnen verhindern sollte. Sie wurden auch tatsächlich nicht mehr rollig; die meisten waren aber danach überhaupt nicht mehr in der Lage, lebende Junge zur Welt zu bringen. Das Mittel hieß Promone und wurde schließlich vom Markt genommen, weil es zu Fehlgeburten und zuletzt zu Unfruchtbarkeit führte.

Vor einigen Jahren fanden die Forschungslaboratorien einen anderen Ausweg, diesmal in Form eines Implantats, das in den Bauch der Katze eingepflanzt wurde und das Rolligwerden verhindern sollte. Viele amerikanische Züchter konnten es kaum erwarten, ihre Zuchtkatzen damit versehen zu lassen, aber die Folgen waren fürchterlich. Bei einigen Katzen verursachte das Implantat schwere Gebärmutterinfektionen. Andere hatten nach Entfernung des Implantats entweder Fehlgeburten oder konnten überhaupt nicht mehr empfangen. Schließlich wurde auch dieses Mittel, das in Europa kaum je verwendet wurde, vom Markt genommen, aber ich möchte nicht wissen, wieviele Zuchtkatzen dadurch für immer zuchtuntauglich wurden. Zur Unterdrückung des Oestrus über mehr als sechs Monate wird von Tierärzten im deutschsprachigen Raum ein Delmadinon-Pellet implantiert. Über allfällige schädliche Nebenwirkungen, Folgen und Gefahren bei Verwendung dieses Mittels kann Ihnen Ihr Tierarzt Auskunft geben.

Ein Hersteller von Dosenfutter hat nun in Amerika ein Mittel zur Geburtenkontrolle entwickelt, das in den Dosen mit der Tiernahrung gleich mitenthalten ist. Es soll im Endeffekt sowohl für Katzen als auch für Hunde herausgebracht werden, aber im

Augenblick wird es nur in Privathaushalten an Hündinnen erprobt. Da die Ergebnisse dieser Tests noch einige Zeit auf sich warten lassen werden, können wir vorläufig nur abwarten. Ich frage mich aber, was passiert, wenn die Hündin ihr empfängnisverhütendes Fressen satt bekommt. Oder wenn sie gelegentlich nur die Hälfte frißt. Und bei Katzen sehe ich noch viel größere Schwierigkeiten voraus, weil man sich bei einer Katze einfach nicht darauf verlassen kann, daß sie jeden Tag die gleiche Menge des gleichen Futters frißt.

Viele Züchter halten sich als Alternative zu chemischen Verhütungsmitteln einen Kater, bei dem der Samenstrang operativ unterbunden wurde (Vasektomie). Er kann die Katze decken, so daß der Eisprung stattfindet und die Rolligkeit vorbeigeht, ohne daß die Katze trächtig wird. Wenn Sie sich zu dieser Methode entschließen, dürfen Sie aber nicht vergessen, daß auch ein sterilisierter Kater es im Heulen und Spritzen mit jedem unsterilisierten aufnimmt.

Wer nicht züchten will, läßt vernünftigerweise seinen Kater und/oder seine Kätzin kastrieren. Genauere Informationen zu diesem Thema sind im Kapitel über Kastration und Sterilisation enthalten (siehe Seite 98ff.). Nebenbei sei noch erwähnt, daß Tierärzte durch Hormonbehandlung der Katze die Möglichkeit haben, die Rolligkeit je nach Methode für zwei bis fünf Wochen zu unterbrechen oder den Eintritt der Brunst um zwei bis zehn Wochen zu verschieben. Derartige Hormonbehandlungen sind aber nicht risikolos, weshalb es sich empfiehlt, sich vom Arzt ausführlich informieren zu lassen und danach Gewinn und Risiko sorgfältig gegeneinander abzuwägen.

Geschlechtskrankheit

Katzen können beim Deckakt geschlechtskrank werden, das heißt sich eine infektiöse Vaginitis zuziehen. Wenn der Kater innerhalb von fünf Tagen vorher eine andere Kätzin gedeckt hat, kann sich auch eine völlig gesunde Katze bei ihm anstecken.

Folgendes geht dabei vor: Vom Deckakt können beim Kater ein paar Scheidenbakterien der Katze zurückbleiben. Ihm machen sie nichts aus, und zu sehen ist auch nichts. Wenn er aber dann innerhalb von fünf Tagen eine andere Katze deckt, kann er die

Bakterien auf sie übertragen. Die Jungen werden unter Umständen also mit der Infektion geboren. Viele weisen bei der Geburt so schwere Mißbildungen auf, daß sie nicht überleben oder eingeschläfert werden müssen. Andere erscheinen zuerst normal, öffnen dann aber zum normalen Zeitpunkt die Augen entweder überhaupt nicht von selbst oder nur, um dicken Eiter abfließen zu lassen. Kätzchen, die mit einer Woche noch nicht die Augen geöffnet haben, muß man die Lider vorsichtig mit einem Schwämmchen und warmem Wasser abwaschen, damit die Verklebung sich löst. Sind die Augen dann voller Eiter, müssen Mutterkatze und Junge sofort zum Tierarzt gebracht werden, der die Mutterkatze wahrscheinlich mit Antibiotika behandeln und den Jungen eine ungefährliche Augensalbe verschreiben wird.

Als Vorbeugung gegen Fehlgeburten oder Junge, die mit einer Infektion geboren werden, empfiehlt es sich, die Katze nicht decken zu lassen, wenn der in Frage kommende Kater innerhalb von fünf Tagen zuvor eine andere Katze gedeckt hat. Das gilt auch für Ihren eigenen Katzenbestand, auch wenn sie alle zusammenleben und gesund sind. Die Rede ist nämlich keineswegs von kranken oder unsauberen Katzen, sondern von durchaus sauberen, gesunden Katzen, die sich gegenseitig über den Deckkater mit dieser Art von Geschlechtskrankheit anstecken können. Dagegen hilft nur gesunder Menschenverstand und Sauberkeit. Man kann die Infektion mit der Trichomoniasis, einer bei Frauen häufig vorkommenden Infektion, vergleichen. Auch wenn eine Frau in medizinischer Behandlung deswegen ist, kann sie sich bei ihrem Mann erneut anstecken. Soll also die Behandlung wirkungsvoll sein, genügen Medikamente allein nicht; es muß auch Enthaltsamkeit geübt werden. Ebenso können Sie die Gefahr, daß Ihre Katze diese unsichtbare Infektion bekommt, nur ausschließen, wenn sich der Deckkater fünf Tage vor dem Decken mit keiner anderen Katze gepaart hat.

Wenn Sie Ihre Katze decken lassen wollen

Lassen Sie Ihre Katze auf keinen Fall decken, bevor sie etwa ein Jahr alt und mehr oder weniger ausgewachsen ist. Woran merkt man, ob eine Katze rollig ist? Im Gegensatz zu Frauen und Hündinnen haben Katzen in dieser Zeit keine blutigen Ausscheidungen. Sie fangen ganz leise an, nach einem Partner zu rufen, aber mit fortschreitender Rolligkeit verwandeln sich diese Rufe in markerschütternde Schreie, die im ganzen Viertel zu hören sind. Außerdem werden sie auffallend zärtlich, reiben sich an allem, an Ihnen, an den Möbeln, selbst am Hund des Hauses, flirten mit verführerischem Augenaufschlag und wälzen sich auf dem Boden. Auf dem Höhepunkt der Rolligkeit kriechen sie mit angewinkelten Hinterbeinen, die Kehrseite hoch in die Luft gereckt, den Schwanz zur Seite gelegt, am Boden entlang. Eine rollige Katze sieht aus, als treibe ein unerträglicher Juckreiz sie dazu, ständig umherzulaufen, zu heulen, zu spritzen und vierundzwanzig Stunden lang fast nichts zu sich zu nehmen – und das während der ganzen Dauer der Rolligkeit. Diese extreme Erregung und der Mangel an Appetit nehmen sie körperlich sehr mit und erzeugen einen ungeheuren Streß. Wenn Sie nicht die Absicht haben, mit der Katze zu züchten, ist es wirklich humaner, sie kastrieren zu lassen.

Wollen Sie sie decken lassen, muß sie auf Würmer untersucht und gegebenenfalls entwurmt werden. Vergessen Sie aber nicht, daß die Wurmkur nach zwei Wochen wiederholt werden muß. Alle Impfungen müssen noch voll wirksam sein, weil es nicht ratsam ist, sie in trächtigem Zustand impfen zu lassen.

Sehr oft leiden Katzen, die früh sehr häufig rollig wurden, an einer unentdeckten Infektion der Gebärmutter. Sie können ein glänzendes Fell, klare Augen und einen Riesenappetit haben und müssen auch keinen Ausfluß aufweisen. Bitten Sie Ihren Tierarzt, durch einfache Zählung der weißen Blutkörperchen sicher zu stellen, daß keine Gebärmutterinfektion vorliegt.

Wenn eine Katze mit ungefähr zwei Jahren noch niemals rollig war, sollte sie vom Tierarzt ebenfalls auf etwaige Erkrankungen der Gebärmutter untersucht werden. Ist nichts festzustellen, kann die Rolligkeit durch eine Spritze hervorgerufen werden. Gewöhnlich läßt man sie aber nicht während dieser ersten, chemisch eingeleiteten Rolligkeit decken, sondern wartet, bis sie – etwa vier Wochen später – auf natürliche Weise rollig wird.

Es gibt also zwei Warnzeichen, die auf eine mögliche Gebärmutterinfektion hindeuten: häufige, intensive Rolligkeit oder gar keine oder zeitlich weit auseinanderliegende Rolligkeiten. In beiden Fällen ist eine tierärztliche Untersuchung fällig.

Es macht nichts aus, ob die Katze zu Beginn, in der Mitte oder am Ende der Rolligkeit gedeckt wird. Bei einer echten – nicht durch eine Gebärmutterinfektion hervorgerufenen – Rolligkeit genügt ein einziges Zusammensein mit dem Kater, damit sie trächtig wird. Theorien, nach denen die Größe des Wurfs oder das Geschlecht der Jungen davon abhängen, wieweit die Rolligkeit zum Zeitpunkt der Paarung fortgeschritten war, lassen sich durch nichts beweisen. Bei einer jungen Katze, die noch nie gedeckt wurde, mag es allerdings klüger sein, ein paar Tage abzuwarten, bis die Rolligkeit stark ausgeprägt ist, weil sie sich dem Kater gegenüber dann weniger abweisend verhält. Manche Kätzinnen bekommen zuerst Angst vor dem Kater, aber eine wirklich intensive Rolligkeit läßt sie ihre Furcht schneller überwinden, so daß sie sich williger decken lassen. Es kann aber durchaus vorkommen, daß eine Katze einen Kater unter keinen Umständen akzeptieren will – oder daß der Kater nicht das geringste Interesse zeigt. Da kann man absolut nichts machen. Vielleicht finden sie sich einfach gegenseitig nicht anziehend, vielleicht hat der Kater auch schon eine Lieblingsfrau in seinem Harem und will sich nur mit dieser paaren.

Kreuzen Sie im Kalender das Datum drei Wochen nach der Paarung und 61 Tage danach an. Sie dürfen allerdings nicht erwarten, daß die Rolligkeit unmittelbar nach dem Decken verschwindet; wahrscheinlich dauert die Rolligkeit trotz der Deckung etwa die üblichen sieben Tage.

Drehen Sie die Katze nach drei Wochen auf den Rücken und sehen Sie sich die Brustwarzen an. Wenn sie trächtig ist, sind sie rosa geworden und weisen möglicherweise sogar eine weiße Spitze auf. Ein weiterer Anhaltspunkt ergibt sich aus der Beschaffenheit des Bereichs um die Vaginalöffnung: die Seiten sind geschwollen und wirken im Vergleich zu vorher leicht gedunsen. Bei den Rassen mit Siam-Abzeichen (Siamesen, Perser Colourpoint und andere) sind sie dunkel gefärbt und fallen daher mehr auf. Die Schwellung nimmt mit fortschreitender Trächtigkeit zu.

Der 61. Tag nach der Paarung ist ein Stichtag, auf den sie sich jedoch nicht verlassen sollten. Die Jungen können irgendwann zwischen dem 58. und dem 72. Tag nach dem Decken zur Welt kommen. Die meisten Katzen gebären indes zwischen 63 und 65 Tagen nach der Befruchtung.

Das Decken

Wenn Sie die Katze von einem eingetragenen Deckkater decken lassen wollen, sollten Sie folgendermaßen vorgehen:

1. Überprüfen Sie die Abstammung des Katers bis zur fünften Generation, um sicher zu gehen, daß es sich nicht um eine Linie handelt, bei der mit Erbkrankheiten oder Typfehlern zu rechnen ist.
2. Vergewissern Sie sich, daß der betreffende Kater in den letzten fünf Tagen keine andere Katze gedeckt hat (siehe den Abschnitt «Geschlechtskrankheit», Seite 144/145).
3. Sehen Sie sich möglichst an, wo und wie der Kater gehalten wird, ob das Haus sauber ist und er und eventuell andere Katzen einen gesunden Eindruck machen. Achten Sie auch darauf, ob der Kater und die anderen Katzen einen guten Charakter haben! Wichtige Zuchtziele sind Gesundheit und Umgänglichkeit, nicht nur äußerliche Fehlerfreiheit.

Treffen Sie Ihre finanziellen Vereinbarungen mit dem Züchter, dem der Kater gehört, *bevor* Sie Ihre Katze hinbringen. Die Deckgebühr wird auch dann fällig, wenn sie den Kater das erstemal nicht akzeptiert. Gewöhnlich ist auf der Empfangsbestätigung vermerkt, daß Sie das Decken bis zu dreimal wiederholen können, bis mindestens ein lebendes Junges geboren wird.

Die Deckgebühr ist deshalb beim erstenmal fällig, weil der Züchter seinen Kater für Sie reservieren und in der Zwischenzeit vielleicht andere Bewerber abweisen mußte. Er muß Ihre Katze in einem Zeitraum zwischen drei Tagen und einer Woche füttern, auf sie aufpassen und sich mit ihr beschäftigen, und er geht außerdem das Risiko ein, daß ihm Ihre Katze eine noch verborgene Krankheit, Flöhe, Würmer oder Ohrmilben einschleppt. Die ihm daraus erwachsende Tierarztrechnung kann wesentlich höher sein als die verlangte Deckgebühr.

Als Besitzer der Katze dürfen Sie erwarten, daß die Katze gut versorgt und gefüttert wird und daß der Züchter sie nicht aus seiner Obhut entlaufen läßt.

Zusätzlich zu Wiederholungen des Deckakts biete ich im allgemeinen eine freie Paarung an, wenn aus der Paarung keine lebenden Jungen hervorgehen. Das hält aber jeder Züchter wieder anders, so daß Sie sich vergewissern müssen, ob und wie oft

Sie die Katze wiederbringen können, ohne erneut bezahlen zu müssen.

Noch ein wichtiger Punkt. Die Besitzer der Katze und des Katers müssen sich vorher darüber einigen, ob es sich um ein Decken «mit Papieren» oder ohne handelt. Diese Frage wird oft nicht geklärt, und die Enttäuschung ist später groß, wenn Sie erwarten, vom Besitzer des Katers Papiere zu erhalten, aber nur eine Paarung «ohne Papiere» bezahlt haben. Der Preisunterschied kann beträchtlich sein. Erkundigen Sie sich also vorher genau, wofür Sie bezahlen.

Es gibt weiter nicht viel zu beachten, wenn man seine Katze von einem fremden Kater decken lassen will. Die Katze muß alle gültigen Impfungen besitzen und frei von Würmern, Flöhen und Ohrmilben sein. Vergewissern Sie sich, daß das auch für den Kater zutrifft. Lassen Sie Ihre Katze auf infektiöse Leukämie und verwandte Infektionen testen und bringen Sie sie nie zu einem Züchter, bei dessen Katzen der Immuno-Fluoreszenz-Test (IF-Test) oder Elisa-Test keinen negativen Befund ergab.

Die Trächtigkeit

Wie schon im Kapitel über das Decken erwähnt, muß die Kätzin vor dem Decken entwurmt und geimpft werden.

Wenn sie etwa zehn Tage trächtig ist, kann es vorkommen, daß sie ein oder zwei Tage lang ihr Futter wieder von sich gibt. Wenn keine anderen Krankheitssymptome dazukommen und das Erbrechen nach einigen Tagen aufhört, handelt es sich nur um die sogenannte Morgenübelkeit. Die hormonellen Veränderungen können auch zu Durchfall führen. Viele Katzen leiden periodisch unter Durchfall, wenn sie rollig oder trächtig sind oder Junge haben.

Natürlich sollten Sie diese und andere Symptome mit Ihrem Tierarzt abklären; wundern Sie sich aber nicht zu sehr, wenn die «Krankheit» nur durch die hormonellen Veränderungen im Körper der Katze verursacht wurde. Zu Erbrechen kann es auch kommen, wenn sie ein oder zwei Tage mit dem Kater zusammen ist. Der gesamte Organismus ist in einem derartigen überreizten Zustand, daß das Futter ebenso schnell wieder heraufkommt, wie sie es hinunterschlingt. Das gibt sich, wenn das Decken abgeschlossen ist.

Mehr Futter braucht eine trächtige Katze erst nach etwa sechs Wochen. Füttert man zu früh zuviel, wird sie nur fett und hat später vielleicht Schwierigkeiten bei der Geburt. Voraussetzung dazu ist natürlich, daß die Katze zum Zeitpunkt der Paarung ihr Normalgewicht hatte. Wenn sie durch die Rolligkeit Gewicht verloren hatte, muß man versuchen, sie so schnell wie möglich wieder auf ihr normales Gewicht zu bringen.

Alle nötigen Vitamine und Mineralstoffe sind in der üblichen Nahrung enthalten. Das einzige, was sie zusätzlich braucht, ist Kalzium. Ich gebe meinen Katzen im allgemeinen Kalziumphosphat ins Futter, wenn ich sicher bin, daß sie Junge bekommen (etwa drei Wochen nach dem Decken). Kalziumphosphat ist nicht zu verwechseln mit Kalziumlaktat, das vom Körper nicht richtig ausgenutzt wird, genaugenommen sogar ungenutzt wieder ausgeschieden wird. Der Körper kann das Kalzium nur ausnutzen, wenn das Verhältnis zu Phosphat richtig ist.

Bei fast ausschließlicher Fleisch- und Innereienfütterung liefert die Nahrung ohnehin zu wenig Kalzium, und da Siamkatzen das Kalzium im Futter schlechter ausnutzen als andere Katzen, sind sie besonders auf zusätzliche Gaben angewiesen. Zur Kalziumanreicherung eignen sich Hühnerhälse, Knochenfuttermehl, Kalziumkarbonat und spezielle Mineralmischungen. Je hundert Gramm Fleisch benötigt die Katze im allgemeinen ein halbes Gramm Kalziumkarbonat.

Viele meiner Freunde schwören darauf, ihren trächtigen Katzen Vitamine des B-Komplexes zuzufüttern. Neben (aber nicht zugleich mit) Vitaminpräparaten kann zur Anreicherung von selbst zubereitetem Futter mit B-Vitaminen täglich ein halber bis ganzer Teelöffel Nährhefeflocken verabreicht werden, und zwar nicht nur für die Dauer der Trächtigkeit, sondern für die tägliche Ernährung. Diese wichtigen Vitamine, die durch Hitze leicht zerstört werden, sind in hochwertigen Fertigfuttern bereits enthalten.

Neuere Forschungen haben ergeben, daß zuviel Vitamin B 12 zu mißgebildeten Jungen führt. Lassen Sie sich also die genaue Dosierung vom Tierarzt bestätigen. Ihn sollten Sie auch fragen, wenn Sie Öl füttern wollen; zuviel Öl kann nämlich schaden. Die Gesundheitsfanatiker unter meinen Freunden geben ihren Katzen regelmäßig Vitamin C, aber auch hier haben neueste Forschungsergebnisse der University of California gezeigt, daß künstliches Vitamin C von Katzen überhaupt nicht in den Körperhaushalt aufgenommen wird.

Die Futtermenge darf allmählich erhöht werden, wenn die Katze etwa sechs Wochen trächtig ist. Wird sie normalerweise nur einmal am Tag gefüttert, kann sie jetzt eine Extramahlzeit erhalten. Erhält sie regelmäßig zwei Mahlzeiten, macht man die Portionen etwas größer. Sie darf solange fressen, soviel sie will, bis die Jungen entwöhnt sind.

Ist wegen einer Erkrankung eine Behandlung nötig, muß der Tierarzt immer davon unterrichtet werden, daß wahrscheinlich eine Trächtigkeit besteht. Er verwendet dann Medikamente, die den Jungen nicht schaden können. Griseofulvin, ein Medikament gegen Mikrosporie, darf auf gar keinen Fall gegeben werden. Die Folge sind fast immer so schwer mißgebildete Junge, daß sie getötet werden müssen.

Eines können Sie – außer gutem Futter und zusätzlichem Kalzium – noch für Ihre Katze tun: Sie können ihr helfen, sich sauber zu halten. Mit fortschreitender Trächtigkeit wird ihr Bauch so rund, daß es für sie schwer oder gar unmöglich wird, den Bereich unter dem Schwanz sauberzulecken. Waschen Sie sie mit einem in warmes Wasser getauchten Tuch ab, möglichst ohne Seife, weil die Rückstände ihr (falls sie sich doch einmal leckt) oder den Jungen bei der Geburt schaden könnten. Bei Langhaarkatzen empfiehlt es sich, kurz vor dem Werfen das Fell um die Vagina und um jede Brustwarze herum zu scheren.

In der achten Woche der Trächtigkeit müssen Sie den Platz herrichten, wo sie die Jungen zur Welt bringen soll. Der Korb muß in einem ruhigen Teil des Hauses stehen; das Licht darf nicht grell sein, und es darf weder warme noch kalte Zugluft spürbar sein.

Der Korb kann auf dem Boden eines Wandschranks stehen, dessen Tür immer etwas offensteht. Auch die unterste Schreibtischschublade kann, dick mit Zeitungspapier ausgelegt, als «Kreißsaal» dienen. Die Katze muß sich während der Wehen mit den Hinterfüßen irgendwo gegenstemmen können und braucht daher die Wände eines Korbes oder einer Schublade um sich. Ein

Nachteil ist nur, daß sie die Jungen wahrscheinlich gleich nach der Geburt verschleppt und woanders versteckt.

Um das zu verhindern, habe ich ein Säuglingsbett umgebaut. Ich habe die Seiten mit Fliegendraht verkleidet und es oben mit Angeln versehen, in die ich eine gelochte Spanplatte als Deckel einsetzte. Damit die Katze sie nicht aufstemmen kann, habe ich auch noch ein Schloß angebracht. Durch die Löcher in der Spanplatte und im Fliegendraht kommt genügend Luft herein. Den Boden des Bettchens habe ich mit selbstklebenden Fliesen ausgelegt, die mir das Saubermachen erleichtern. Die Wurfkiste besteht aus Fiberglas und dient in den ersten Wochen den Jungen auch als Behausung. Ein darüber angebrachtes, stoffbezogenes Brett erlaubt es der Mutter, sich auch einmal zurückzuziehen und zu erholen.

Man kann auch einen Käfig von einem der Hersteller von Tierkäfigen kaufen, muß dann aber darauf achten, daß die Gitterstäbe so dicht nebeneinander stehen, daß die Kätzchen zu Anfang nicht hinausfallen oder -klettern können.

Je näher der Geburtstermin rückt (vom 58. bis zum 72. Tag der Trächtigkeit), desto mehr sollten Sie zu Hause sein. Es könnte sein, daß die Katze Ihre Hilfe braucht. Ich gebe zwar diese Zeit als ungefähre Geburtstermine an, will Ihnen aber nicht verhehlen, daß meine Katze April am 57. Tag der Trächtigkeit acht Junge zur Welt brachte! Ich war überhaupt nicht darauf gefaßt, und da ich das Bettchen noch nicht für sie hergerichtet hatte, kamen die Jungen mitten auf meinem Bett zur Welt. Sie entwickelten sich alle normal und keines ging ein, also war das für April wohl ein normaler Geburtstermin.

Die Geburt

Woran erkennt man, daß die Geburt bevorsteht? Anzeichen wie herzhafter Appetit, Auslassen einer Mahlzeit, Unruhe oder eine Entleerung, als ob es sich um Harn und Kot einer Woche handelte, bedeuten überhaupt nichts. Die Katze kann eines oder sogar alle dieser Symptome Tage vor der eigentlichen Geburt aufweisen. Auch andere Zeichen – daß sie in die Wurfkiste geht, heftig darin herumscharrt oder sich ein Nest baut – sind ebenfalls keine schlüssigen Beweise, weil diese Vorbereitungen oft schon Wochen vor der Geburt getroffen werden.

Eben noch lag mir eine Katze schnurrend im Schoß; im nächsten Augenblick sprang sie herunter, sauste in die Kiste und brachte fast unmittelbar das erste Junge zur Welt. Andere laufen unruhig umher und mauzen gelegentlich, so daß ich aufmerksam werde. Wieder andere machen sich unsichtbar und werden so still, daß ich daran erkenne, daß ihre Zeit gekommen ist.

Zu den wenigen sicheren Anzeichen für eine kurz bevorstehende Geburt gehören Austritt von kleinen Blutströpfchen oder einer klaren Flüssigkeit aus der Vagina (ein Zeichen für das Reißen der Fruchtblase) oder das Erscheinen einer kleinen, gelblichen Blase in der Vagina. Bei diesen Anzeichen setzen Sie die Katze am besten sofort in die Wurfkiste.

Gelesen habe ich, daß die Körpertemperatur etwa vierundzwanzig Stunden vor der Geburt abfällt. Dazu müßten Sie jedoch erst einmal über einige Tage die Temperatur messen, um die Normaltemperatur festzustellen, und dann müßten Sie die Katze an dem Tag, an dem sie tatsächlich absinkt, zur Sicherheit noch mehrmals messen. Ich möchte meine Katzen zu einem Zeitpunkt, an dem sie all ihre Kraft für die Geburt aufheben sollten, nicht gern soviel anfassen und sie einem solchen Streß unterwerfen.

Einige meiner Katzen schnurren während des gesamten Geburtsvorgangs, andere stoßen ab und zu ein kurzes Geheul aus. Ich sehe ungefähr alle zehn Minuten nach ihnen, lasse sie sonst aber allein. Als Rosie zum erstenmal Junge bekam, schrie sie ziemlich viel, und von dem ersten Jungen, das auf die Welt kam, wollte sie überhaupt nichts wissen. Entweder wußte sie wirklich nichts damit anzufangen, oder sie sah in ihm den Grund für ihre Wehenschmerzen. Jedenfalls zerriß ich schnell mit den Fingernägeln das Häutchen, das das Junge noch ganz umhüllte, und da es noch Flüssigkeit in der Lunge hatte, schüttelte ich es vorsichtig mit dem Kopf nach unten, wobei ich Hals und Kopf mit Daumen und Zeigefinger der anderen Hand stützte. Daraufhin stieß es die Flüssigkeit aus und gab seinen ersten Schrei von sich. Es war nun kalt und immer noch naß, und deshalb trocknete ich es mit einem Frottéetuch gründlich ab. Wenn man Kopf und Hals stützt, kann man ruhig kräftig rubbeln. Das regt den Kreislauf an und bringt das Junge zum Schreien, was gut für die Atmung ist.

Trocken setzte ich es dann neben Rosies Gesicht und zog mich zurück. Als ich das nächste Mal nachsah, hatte sie die Nabelschnur zerbissen und die Plazenta gefressen. Wenn die Nabelschnur nach fünfzehn Minuten noch nicht durchgetrennt gewesen wäre, hätte ich sie mit einer sterilen Schere durchschneiden müssen. Dazu presse ich die Nabelschnur zwischen Daumen und Zeigefinger ein oder zwei Minuten so fest wie möglich zusammen und schneide sie dann (etwa fünf Zentimeter vom Körper des Jungen) auf der Seite des Fingers, der der Plazenta am nächsten ist, durch.

In Büchern steht, man solle die Nabelschnur mit einer Schnur abbinden, aber ich konnte nie gleichzeitig mit einem Stück Schnur, einer glitschigen Nabelschnur und einem strampelnden Kätzchen umgehen. Aber versuchen Sie es ruhig, wenn Sie es sich zutrauen.

Wenn mehrere Junge schnell hintereinander zur Welt kommen, möchten Sie sie vielleicht abtrocknen, weil sie naß sind und sehr schnell auskühlen. Hat die Mutter nichts dagegen, können Sie sie in einen anderen Korb oder eine Kiste auf ein Handtuch setzen, das von unten von einem auf kleinste Stufe geschalteten Heizkissen erwärmt wird. Wenn sie sich aber aufregt, weil die Jungen nicht mehr bei ihr sind, sollten Sie sie zu ihr zurücksetzen. Ich habe immer Angst, daß die Mutter eines zertreten könnte, während sie das nächste zur Welt bringt, aber in fast zwanzig Jahren ist das nie vorgekommen.

Sie müssen damit rechnen, daß bei der Geburt jedes Jungen auch einiges an Blut und Flüssigkeit austritt. Legen Sie nach Möglichkeit trockene Tücher darüber, damit die schon geborenen Jungen einigermaßen trocken bleiben.

Woran erkennt man, daß die Geburt nicht glatt verläuft? Wenn eine Katze mehr als sechs Stunden Wehen gehabt hat, ohne daß ein Junges zum Vorschein kam, ist es Zeit, den Tierarzt zu rufen. Sind in der Vagina Füße oder ein Schwänzchen zu sehen, ohne daß das Junge ganz austritt, handelt es sich um eine Steißlage, und Sie müssen die Katze wahrscheinlich sofort zum Tierarzt bringen. Andernfalls stirbt das Junge, blockiert den Geburtskanal, und die anderen ersticken. Auch nach einer normal verlaufenen Geburt sollte jede Katze vom Tierarzt eine Spritze bekommen, die dazu führt, daß etwa noch in der Gebärmutter verbliebenes Plazentamaterial ausgestoßen wird. Bleiben Reste zurück, kann sich daraus eine gefährliche Gebärmutterentzündung entwickeln.

Woran erkennt man, daß die Geburt abgeschlossen ist? Die Katze legt sich dann hin und läßt die Jungen trinken. Wenn sie unruhig ist, sich nicht niederläßt, sondern sich ständig in der Kiste herumbewegt, sind noch nicht alle Jungen geboren, oder sie hat eine Plazenta ganz oder teilweise zurückgehalten. Normal ist, daß die Katze mindestens vier oder fünf Tage lang nach der Geburt einen geringen blutigen Ausfluß hat. Blutet sie stärker, muß sie noch einmal zum Tierarzt gebracht werden. Sehen Sie sich die Jungen gleich nach der Geburt an. Bringen Sie sie zum Tierarzt, falls die Augen schon offen sind, denn junge Katzen werden mit geschlossenen Augen geboren. Das gilt auch für den Fall, daß Sie am Ansatz einer Nabelschnur Blut oder eine Wunde entdecken.

Sind alle Jungen geboren, räume ich die nassen Tücher aus der Kiste, lege ein auf niedrigste Stufe geschaltetes Heizkissen hinein und darauf ein sauberes, weiches Tuch. Dann setze ich die Katzenmutter mit ihrem Nachwuchs wieder hinein, versorge sie mit frischem Wasser, Futter und einer sauberen Katzentoilette und lasse sie allein. Die Katze ist von der Geburt erschöpft und braucht Ruhe und Einsamkeit, um sich zu erholen. Seien Sie vorsichtig, daß an dem als Unterlage dienenden Tuch keine losen Fäden hängen. Ich habe einmal fast ein fünf Tage altes Kätzchen verloren, weil sich solch ein loser Faden um seinen winzigen Hinterfuß geschlungen hatte und die Blutzufuhr unterband. Bis ich das Unglück entdeckte, war das Beinchen schon so geschwollen, daß der Faden kaum noch zu sehen war und ich die größte Mühe hatte, ihn durchzuschneiden. Wegwerfwindeln wären gar keine schlechte Idee; sie sind sehr saugfähig, und wenn sie schmutzig sind, kann man sie wegwerfen.

In den meisten Katzenbüchern steht, man dürfe die nassen, blutigen Tücher, auf die die Katze geworfen hat, nicht auswechseln, sondern müsse diese unappetitliche Angelegenheit in den ersten Tagen in der Kiste lassen. Ich befolge diese Praxis nicht, weil ich mir überhaupt nichts Schlimmeres vorstellen kann, als meine Katze und ihre neugeborenen Jungen auf dem nassen, blutigen Zeug liegen zu lassen! Offengestanden konnte ich auch keinen Grund für diese Empfehlung sehen. Schließlich aber zahlte ich mein Lehrgeld. Jedesmal wenn April geworfen und ich die Kiste mit sauberen, trockenen Handtüchern ausgelegt hatte, machte sie einen Höllenspektakel und ließ die Jungen nicht mehr an sich heran, so daß sie nicht trinken konnten. Oder sie trug die Jungen unter lautem Geheul in der Kiste herum. Ich konnte mir ihr Verhalten nicht erklären. Sie hatte ihre abschließende Spritze erhalten, und eine Infektion war ausgeschlossen. Zum Glück waren noch zwei Nachgeburten vorhanden, die ich nun über das saubere Tuch rieb. Sobald April an dem Tuch geschnuppert hatte, kletterte sie in die Kiste zurück, ließ sich auf die Seite fallen und versammelte ihre Jungen um ihre Zitzen.

Wenn es Ihnen geht wie mir und Sie die Kiste mit sauberen Handtüchern oder Wegwerfwindeln auslegen wollen, heben Sie auf jeden Fall etwas von den Nachgeburten auf, falls die Katze sich nicht beruhigt. Wenn dem Tuch erst der Geruch von der Nachgeburt anhaftet, läßt sie sicher genau wie April ihre Jungen trinken.

Meine Katze benutzt die Katzentoilette im Kinderbett nicht. Ich kann nur vermuten, daß ihr der Geruch so nahe bei den Jungen unangenehm ist. Wenn Ihre Katze genauso ist, dürfen Sie nicht vergessen, sie ab und zu herauszulassen.

Die Aufzucht der Jungen

Normale, gesunde Jungkatzen schlafen dicht zusammengedrängt und trinken praktisch rund um die Uhr. Vielleicht fallen Ihnen wenige Tage nach der Geburt ein oder zwei auf, die kleiner sind als die anderen, von der Mutter auf die Seite geschoben und nicht gesäugt werden. Wir haben gelernt, daß diese kleinen Jungen, die «nicht dazugehören» und nicht trinken, gewöhnlich nicht in Ordnung sind. Es ist das Beste, die Mutter gewähren zu lassen; sie weiß es besser als Sie und ich.

Wenn Sie es nicht fertig bringen, dabeizusitzen und tatenlos zuzusehen, wie die Kleinen eingehen, können Sie Ihnen mit der Pipette eine im Tierhandel erhältliche Milch – etwa Cimi-lac oder Ipevet – einflößen, alle zwei Stunden einen Tropfen oder zwei. Sie müssen sich aber darüber im klaren sein, daß auch die aufopferndste Pflege sie vermutlich nicht retten wird. Machen Sie sich oder der Katzenmutter keine Vorwürfe. Es gibt immer einen gewissen Prozentsatz, der nicht durchkommt.

Nach etwa einer Woche (es kann zwischen fünf oder zwölf Tagen dauern) müßten die Jungen die Augen öffnen. Sind diese dann eitrig oder rotgerändert, waschen Sie sie ihnen vorsichtig mit in warmes Wasser getauchter Watte ab. Verschwindet der Eiter nicht innerhalb von ein oder zwei Tagen, müssen Sie die Mutter samt den Jungen zum Tierarzt bringen, weil dies normalerweise ein Anzeichen für eine Infektion der Mutter ist.

Sind die Augen auch am zehnten Tag noch nicht offen, sind die Lider wahrscheinlich von Eiter verklebt. Waschen Sie sie vorsichtig mit Watte und warmem Wasser aus. Es kann sein, daß eine erschreckende Menge Eiter herauskommt, wenn sie sich endlich öffnen. Manchmal hilft es, die Augen immer wieder zu baden. Wenn nicht, müssen Katze und Junge zum Tierarzt gebracht werden, der die Sache (medizinisch Ankyloblepharon mit neonataler Konjunktivitis genannt) möglicherweise öffnet und durch eine Augensalbe mit einem Breitspektrum-Antibiotikum behandelt. Sitzen Sie zu Hause fest und können im Augenblick unmöglich zu einem Tierarzt gehen, reinigen Sie ihnen die Augen mehrmals täglich mit lauwarmem Wasser oder stark verdünntem Kamillosan. Suchen Sie aber so bald wie möglich den Katzendoktor auf, wenn Sie Gelegenheit dazu haben, denn ohne seinen Beistand kann die Katzenfamilie nicht gesunden.

Im Alter von etwa drei Wochen (das ist natürlich individuell verschieden) fangen die Jungen meist an, das Futter der Mutter zu probieren. Versuchen Sie, sie jetzt zu entwöhnen. Machen Sie ihnen eine wäßrige Mischung aus Babyflocken, Kondensmilch, Wasser, Stärkesirup und einem flüssigen Vitaminzusatz zurecht, tauchen Sie den Finger hinein und berühren Sie damit den Gaumen der Jungen. Sie können sich die Mischung erst vom Finger lecken lassen und dann den Finger immer näher an den Teller heranbringen, bis das Zünglein von Ihrem Finger in den Teller überwandert.

Ich muß allerdings gestehen, daß keines meiner Kätzchen die eben beschriebene Mischung angenommen hat. Im Idealfall sollten die Jungen von der Muttermilch auf solch eine breiige Mischung übergehen, bevor sie schließlich feste Nahrung zu sich nehmen, aber meine Kätzchen wissen anscheinend nicht, was gut für sie ist. Statt dessen kaufe ich püriertes Fleisch für Babys (meine

Katzen fressen nur Schinken) und lasse sie dies zuerst vom Finger und dann vom Teller schlecken.

Wichtiger als die Frage, ob Sie Brei oder püriertes Fleisch füttern, ist der Zusatz von Mineralmischungen ins Futter von Katze und Jungen. Normalerweise gebe ich Kalzium, bis die Jungen etwa vier Monate alt sind (siehe auch Seite 150).

Sobald die Jungen feste Nahrung zu sich nehmen, gehen sie allein zur Toilette. Ich weiß nicht, ob es ihnen die Mutter beibringt oder ob sie es sich selbst beibringen, jedenfalls benutzen all meine Jungkatzen die Katzentoilette im Kinderbett. Wenn die Jungen die Babynahrung allein fressen, gehen sie auch bald an das Futter der Mutter. An diesem Punkt lasse ich sie tagsüber frei im Zimmer herumlaufen und setze sie zum Schlafen wieder ins Kinderbett.

Schleppt die Katze die Jungen in den ersten vier oder fünf Wochen herum, kann sie sie mit ihren scharfen Zähnen ernsthaft verletzen. Als Pennie anfing, ihre Jungen im Kinderbett herumzuschleppen, stellte ich einfach die Kiste ans andere Ende des Bettchens, und sie hörte auf. Der Instinkt, mit den Jungen einen Ortswechsel vorzunehmen, geht auf die wildlebenden Vorfahren zurück, die ihre Jungen immer wieder an anderen Orten unterbrachten, um Räuber irrezuführen. Stellt man nun die Kiste und die Katzentoilette um, hat die Katze das Gefühl, die Jungen seien an einem neuen und deshalb sicheren Ort.

Von dem Zeitpunkt an, an dem die Kätzchen von allein fressen, bis zum Alter von einigen Monaten muß man sehr darauf achten, daß alle genug fressen. Wenn der Futterteller erscheint, kommen zwar meist alle angerannt und fangen begeistert an zu fressen. Oft trollen sich aber ein oder zwei bald wieder, ohne genügend gefressen zu haben, und diese können so mager werden, daß sie krankheitsanfällig werden. Kätzchen können innerhalb von zwei Tagen enorm an Gewicht verlieren! Setzen Sie sich zu den Kleinen auf den Boden und füttern Sie solche unregelmäßigen Fresser mit dem Finger, bis sie wieder von allein fressen. Vielleicht müssen Sie auch eines auf den Schoß nehmen und streicheln, während es frißt. Wie ich festgestellt habe, regen streichelnde Bewegungen den Rücken entlang das Kätzchen dazu an, den Kopf auf und ab zu bewegen und am Futter zu schlabbern.

Hat ein Junges Verstopfung oder Durchfall oder erbricht etwas, das wie geronnene Milch aussieht, muß es zum Tierarzt. Wenn dagegen alle normal fressen, eine normale Verdauung und klare Augen sowie eine saubere Nase haben, brauchen Sie sich vom Tierarzt nur sagen zu lassen, wann es Zeit für die Wurmkuren und die verschiedenen Impfungen ist.

Wie man Katzenzüchter wird

Ein echter Katzenzüchter bemüht sich, eine oder mehrere Katzenrassen durch selektive Zuchtwahl so gesund und in Typ und Temperament so vollendet wie möglich zu züchten. Ein eingetragener Züchter sieht den Zweck seiner Arbeit sicher nicht darin, irgendwelche Männchen und Weibchen zu kreuzen und die Produkte durch Händler oder Tierhandlungen zu verkaufen.

Wenn es in Ihrer Gegend keine Katzenausstellungen gibt, ist es aus vielen Gründen so gut wie unmöglich, dem Standard entsprechende, typgerechte Exemplare zu züchten. Wer nie eine Katzenausstellung besucht hat, weiß überhaupt nicht, wie eine Ausstellungskatze aussieht! Es ist ein beträchtlicher Unterschied, ob man bloß den gedruckten Standard liest oder eine Rassekatze in Fleisch und Blut sieht.

Selbst wenn Ihnen die Zucht typgerechter Rassekatzen gelingt, erhalten Sie keine Auszeichnungen dafür, wenn Sie sie nicht auf Ausstellungen vorstellen. Wer eine Katze mit Stammbaum kaufen will, um mit ihr zu züchten oder auf Ausstellungen zu gehen, geht zu einem Züchter, dessen Tiere auf Ausstellungen bereits Preise gewonnen haben.

Meine Katzenliebhaberei begann damit, daß ich mir 1961 einen Burmakater kaufte und mit ihm fast ein Jahr lang auf Ausstellungen ging. Bevor ich eine Kätzin dazu kaufte, unterhielt ich mich mit den anderen Züchtern, las alles, was ich über Burmakatzen finden konnte, informierte mich über die richtige Ernährung und Gesundheitspflege und lernte, welchen Typ die Richter sehen wollten. Erfahrene Züchter sagten mir, daß ich erst dann eine zweite Kätzin kaufen sollte, wenn die erste, Kihara, Junge gehabt hätte, die ihrerseits wieder Junge hätten. Der Grund dafür ist, daß auch eine ganz typgerechte Mutterkatze nicht immer typgerechte Nachkommen zur Welt bringt. Viele erfahrene Züchter waren tatsächlich der festen Überzeugung, daß Kätzinnen, die auf keiner Ausstellung einen Preis bekommen hätten, weit bessere Jungen zur Welt bringen als ihre hochprämierten Ausstellungstiere. Sie betrachteten es als Zeit- und Geldverlust, Geld in Muttertiere zu investieren, die keine typgerechten Nachkommen bringen oder deren Nachkommen ihrerseits nicht typgerecht ausfallen würden. Falls Ihnen das etwas Spanisch vorkommt, hilft Ihnen vielleicht ein Vergleich weiter. Bei uns Menschen kommt es immer wieder vor, daß eine Tochter der Mutter überhaupt nicht ähnlich sieht, der Großmutter dagegen wie aus dem Gesicht geschnitten ist. Das gibt es auch bei Katzen. Eine hochprämierte Katze kann nicht typgerechte Jungen bringen, die ihrerseits wieder Ausstellungssieger zur Welt bringen.

Ich folgte diesem Rat viele Jahre lang und entwickelte meine Zucht sehr langsam. Ich habe meine eigene Linie gezüchtet, und wenn ich eine neue Blutlinie einkreuzen mußte, habe ich immer erst eine einzige Katze gekauft, sie decken lassen, die Entwicklung der Jungen beobachtet und dann diese decken lassen, bevor ich die nächste Katze kaufte.

Wenn Sie richtig züchten wollen, müssen Sie so viele Ausstellungen wie möglich besuchen. Unterhalten Sie sich mit Züchtern, sehen Sie sich an, nach welchen Gesichtspunkten gerichtet wird, und lernen Sie so viel wie möglich über die Rasse Ihrer Wahl. (Der Abschnitt über Eintragung und Abstammung wird Ihnen helfen, eine Katze mit der richtigen Abstammung und Papieren zu finden.)

Informieren Sie sich außerdem über Züchtervereinigungen, werden Sie Mitglied, und verleiben Sie sich alles ein, was über die Rasse Ihrer Wahl je geschrieben wurde. Lassen Sie sich von den Züchtervereinigungen die Ausstellungsregeln, die Standards und die Eintragungsbestimmungen zuschicken. Achten Sie darauf, welche Züchter immer wieder in den Siegerlisten auftauchen (nachzulesen in Katzenzeitschriften). Es genügt nicht, daß eine Mutterkatze oder ein Deckkater selbst Erfolg auf Ausstellungen haben; auch ihre Nachkommen müssen erfolgreich sein.

Die Katze muß aber nicht nur den richtigen Typ haben, sondern auch aus gesunden Blutlinien mit gutmütigem Charakter stammen. Die meisten von uns betreiben ja Katzenzucht auf Familienbasis, das heißt, die Mutterkatzen, ihre Nachkommen und sterilisierte oder kastrierte Katzen leben mit uns als Teil der Familie. Sie sind unsere Haustiere, nicht nur Ausstellungsobjekte, und wir möchten lieber verspielte, verschmuste Hausgenossen als fauchende, beißende Neurotiker! Die meisten der von Ihnen gezüchteten Katzen werden ebenfalls als Haustiere gehalten, so daß ein guter Charakter eine sehr wesentliche Voraussetzung ist.

Im Zwinger gehaltenen Katzen fällt die Anpassung an eine häusliche Umgebung schwer, doch wenn Sie die Anzahl der gekauften und gezüchteten Katzen in Grenzen halten, brauchen Sie nur den Deckkater und die Mutterkatze während der Rolligkeit einzusperren. Seien Sie darauf gefaßt, daß eine rollige Katze es im Schreien und Spritzen mit jedem Kater aufnimmt!

Kaufen Sie nur Katzen mit allen erforderlichen Impfungen: gegen Katzenseuche (Panleukopenie) und Katzenschnupfen (Rhinotracheitis). Das Wichtigste aber ist, daß die Katze unbedingt aus einer Zucht stammen muß, die nachweislich frei von infektiöser Leukämie ist. Scheuen Sie sich nicht, sich vom Züchter ein tierärztliches Attest zeigen zu lassen.

Bei einer zuchttauglichen Katze müssen Sie mit einem Kaufpreis von etwa DM 400.–, bei einer erfolgversprechenden Ausstellungskatze von DM 600.– rechnen. Die Preise liegen aber je nach Rasse und je nach Land und Gegend, wo Sie kaufen, über den genannten Ansätzen, manchmal auch darunter. Stellen Sie Ihre Neuerwerbung aus und vervollkommnen Sie Ihr Wissen über die gewünschte Rasse und jeglichen Fortschritt auf dem Gebiet der Ernährung und Medizin weiter. Suchen Sie sich einen Tierarzt, zu dem Sie Vertrauen haben, und befolgen Sie seinen Rat bezüglich der Wurmkuren und Impfungen.

Vielleicht möchten Sie für die Katze während der Rolligkeit einen Käfig kaufen oder bauen oder ein eigenes Gebiet abtrennen, in dem sie auch ihre Jungen zur Welt bringen kann. Sehr wichtig für die Gesundheit der Katze ist außer Impfungen, richtiger Ernährung und Sauberkeit im Wohnbereich und in der Katzentoilette eine gute Durchlüftung der Räume – die auch der Entwicklung übler Gerüche vorbeugt. Zu diesem Zweck habe ich in zwei Zimmern die Böden mit Fliesen ausgelegt und Drahtgittertüren angebracht. Wenn die Fenster offen sind, kommt dank der

Gittertüren immer genügend frische Luft herein, und außerdem fühlen sich die Katzen nicht so ausgeschlossen, weil sie mich durch das Drahtgitter hören und sehen können.

Wenn es Zeit wird, Ihre Katze decken zu lassen (etwa mit einem Jahr), sehen Sie sich nach einem Kater um, dessen Typ sich mit dem der Katze ergänzt. Mittlerweile werden Sie einiges von dem gelernt haben, was nicht in Papieren steht, zum Beispiel, daß Erbschäden in manchen Blutlinien gehäuft auftreten. Solche Dinge erfährt man, wenn man die Katze auf Ausstellungen zeigt und sich mit anderen Züchtern unterhält. Sie können selbst feststellen, welche Linien kurzlebig sind und welche immer wieder neue Generationen gesunder, erfolgreicher Nachkommen produzieren. (Weitere Informationen sind im Kapitel über das Decken und die Aufzucht der Jungen enthalten.)

Wenn Sie sich für die Zucht von Langhaarkatzen interessieren, müssen Sie sich darüber im klaren sein, daß sie viel öfter gebadet und gekämmt werden müssen als Kurzhaarkatzen. Fragen Sie sich, ob Sie willens sind, sich – täglich – dieser Extramühe zu unterziehen, bevor Sie Geld für solche Katzen ausgeben.

Wollen Sie eingetragene Katzen mit Papieren verkaufen, müssen Sie sich vorher bei der entsprechenden Züchtervereinigung nach den Eintragungsbedingungen erkundigen. Es wäre schlimm, wenn Sie zu spät entdeckten, daß Ihre Katzen die Bedingungen nicht erfüllen.

Um es noch einmal zusammenzufassen: Sie sollten mit einer einzigen jungen Katze anfangen und Erfahrungen sammeln, bis sie alt genug ist, um mit ihr zu züchten. Hilfreiche Informationen kann man überall aufsammeln, in Katzenzeitschriften, durch Gespräche mit anderen Züchtern und durch Ausstellungsbesuche. Wenn es Zeit wird, eine zweite Katze zu kaufen, haben Sie wahrscheinlich die Antwort auf die meisten Fragen schon gefunden.

Ich glaube nicht, daß man als Katzenzüchter damit beginnen sollte, ein Gebäude mit Käfigen auszustatten und diese mit Katzen zu füllen. Nur Zeit und Erfahrung können Ihnen helfen, alles Wissenswerte über die Blutlinien Ihrer bestimmten Rasse in Erfahrung zu bringen, und nur aus Erfahrung und vom Tierarzt können Sie lernen, wie Sie Ihre Katzen richtig ernähren und gesundpflegen, wenn sie krank sind.

Will man sich richtig um seine Katzen kümmern, muß man ihnen viel Zeit widmen, denn Katzen müssen spielen und brauchen Zuwendung. Katzen zu haben ist etwa so, wie Kinder zu haben. Man kann nicht einfach die Koffer packen und wegfahren. Wer füttert sie? Wer macht die Katzentoiletten sauber? Bevor Sie in die Katzenzucht einsteigen, sollten Sie sich fragen, ob Sie wirklich bereit sind, erhebliches Geld und viel Zeit zu investieren und auf den Großteil Ihrer Ferien zu verzichten. Wenn Ihre Liebe zu Katzen und Ihr Wunsch, etwas zur Verbesserung der Zucht beizutragen, echt und stark genug sind, werden Sie sich in die Reihen der wirklichen Katzenliebhaber eingliedern, die sich ein Leben ohne ein Haus voll anspruchsvoller, kreischender, spritzender, aber auch liebebedürftiger, verspielter und unwiderstehlicher vierfüßiger Freunde nicht mehr vorstellen können.

Wirft die Katzenzucht Gewinn ab?

Dieses Kapitel könnte ich mit einem einzigen Wort beginnen und gleichzeitig beenden: «Nein!» Im großen und ganzen ist mit der Katzenzucht sicher kein Geld zu machen. Sie fangen schon mit einem beträchtlichen Einsatz, mindestens DM 600.–, für Ihre erste Ausstellungskatze an. Dann möchten Sie mit ihr natürlich auch auf Ausstellungen gehen. Sehr zurückhaltend geschätzt, müssen Sie mit einer Ausstellungsgebühr von DM 50.–, den Unkosten für Benzin und Essen für Sie und Ihren Ehepartner (oder Kinder) und möglicherweise noch Übernachtungskosten rechnen, falls der Ort der Ausstellung weit von Ihrem Zuhause entfernt ist. Sie können sich leicht ausrechnen, was es kostet, mit Ihrer Katze auch nur sechsmal im Jahr auf eine Ausstellung zu gehen.

Wenn Sie mit ihr züchten wollen, kommt eine Deckgebühr zwischen DM 150.– und DM 500.– dazu, ungerechnet der Fahrkosten, falls der Kater in einiger Entfernung zu Hause ist. Geht ihre Rolligkeit dann während der Reise vorüber, berechnet der Besitzer des Katers Pensionsgeld für die Zeit bis zur nächsten Rolligkeit.

Aber angenommen, alles geht gut und Ihre Katze kehrt trächtig zurück. Dann müssen außer einem Erfolg auch folgende Möglichkeiten in Betracht gezogen werden:

1. Sie verliert den Wurf.
2. Sie bringt die Jungen zur Welt, diese überleben aber nicht.
3. Sie entwickelt eine Gebärmutterinfektion und muß kastriert werden.

Die meisten Besitzer von Katern geben eine Bedeckung gratis, wenn aus der ersten Paarung keine lebenden Jungen entstanden sind. Wenn die Jungen aber zur Welt kommen und dann eingehen, haben die meisten das Gefühl, daß sie dafür nicht mehr verantwortlich sind. Bei einer Gebärmutterinfektion steht Ihnen eine hohe Tierarztrechnung für die Kastration bevor, und zudem verlieren Sie eine Zuchtkatze. Sie müssen also wieder vollständig von vorn beginnen: sich eine neue Katze kaufen, mit ihr auf Ausstellungen gehen und sie wieder für viel Geld decken lassen. Sicher ist Ihnen auch klar, daß Sie mit einem kleinen bißchen Pech schon tief in den roten Zahlen stecken, bevor Sie überhaupt angefangen haben.

Damit kommen wir zu dem wahren Grund, warum für Ausstellungskatzen so hohe Preise verlangt werden. Die meisten Züchter haben oder hatten mit einem oder mehreren dieser Probleme zu kämpfen. Um die Kosten für Katzen, die ihren Wurf verlieren, oder solche, die kastriert werden müssen, auszugleichen, müssen sie ihre Jungkatzen zu entsprechenden Preisen verkaufen.

Welchen Preis Sie für Ihre Katzen verlangen, ist einzig und allein Ihre Sache und hängt zum Teil wohl auch davon ab, wo Sie leben. Sie werden feststellen, daß auch die Käufer Ihre Katzen desto höher schätzen, je mehr Sie selbst von ihnen halten und je mehr Sie dafür verlangen.

Viele Leute sind der irrigen Meinung, sie könnten einen Teil ihrer Unkosten für die Katzenzucht bei ihrer Einkommenssteuererklärung absetzen. Erkundigen Sie sich beim Steueramt, denn die Gesetze ändern sich von Zeit zu Zeit, aber im allgemeinen ist es so, daß die Katzenzucht als Hobby gewertet wird, wenn Sie (oder Ihr Ehepartner) eine Ganztagesbeschäftigung haben, und dann sind die Unkosten nicht abzugsfähig.

Für die Mehrzahl von uns stellt das Züchten ein Mittel dar, mit dem wir soviel zu verdienen hoffen, daß wir uns unser Hobby leisten können – die Freude daran, Katzen zu züchten und auszustellen.

Die Begründung einer Blutlinie

Als ich 1961 anfing, mich mit der Katzenzucht zu beschäftigen, wurde mir gesagt, daß man niemals Bruder und Schwester kreuzen dürfe, wohl aber Tochter mit Vater und Sohn mit Mutter. Ich hielt mich daran und gab die Ratschläge an andere Neulinge weiter. Erst als ich 1975 ein Seminar an der University of Davis besuchte, lernte ich, daß Kreuzungen zwischen Bruder und Schwester weniger ingezüchtet sind als solche zwischen Tochter und Vater oder Mutter und Sohn!

Zu erklären ist das folgendermaßen: Um eine Blutlinie zu begründen, muß man Abkömmlinge derselben oder ähnlicher Blutlinien miteinander kreuzen. Fremdzucht – die Kreuzung mit nicht verwandten Blutlinien – birgt immer das Risiko von «Überraschungen» in sich, in Form nicht typgerechter Nachkommen oder einer Unterbrechung der ursprünglichen Linie. Wenn man also eine eigene Blutlinie begründen will, muß man mit einer bestimmten Katzenfamilie arbeiten.

Kreuzt man zwei Katzen und erhält schwache Junge oder Nachkommen, die anfällig für Erkältungskrankheiten sind, überdurchschnittlich oft an Nieren- und Blasenleiden erkranken, unter Leberschäden und Herzfehlern leiden oder oft Fehlgeburten haben, impotent oder schlechte Mütter sind, dann müssen Sie aufhören, mit diesen beiden Katzen weiterzuzüchten, und sie kastrieren lassen. Früher nannte man solche Katzen «unwirtschaftlich». Die Züchter von früher verfügten nicht über die Impfstoffe und Antibiotika von heute, und die Tierärzte wußten nocht nicht sehr viel von Katzen, aber diese Züchter waren doch klug genug, ihren gesunden Menschenverstand einzusetzen und solche unwirtschaftlichen Katzen aus ihrem Zuchtprogramm auszumerzen.

Nur ungern gebe ich zu, daß viele von uns nicht so klug sind und immer neue Entschuldigungen für die häufigen Krankheiten unserer Lieblinge finden, nur um weiter diese so außergewöhnlich typgerechten Katzen verwenden zu können. Das kann dann dazu führen, daß die Nachkommen im ersten Jahr hochprämiert und im zweiten tot sind. Wir betrügen uns damit nur selbst und stehen zum Schluß mit leeren Händen da. Es fällt leicht, eine Katze aus der Zucht zu nehmen, die mehr Hauskatzen als Ausstellungskatzen produziert. Aber wenn eine kränkliche Katze Ausstellungssieger produziert (falls wir sie lange genug am Leben erhalten können), ziehen wir die haarsträubendsten Entschuldigungen dafür heran, warum sie und ihre Jungen so kränklich sind.

Viele von uns stellen gesunde, widerstandsfähige Katzen auf denselben Ausstellungen aus, von denen andere Züchter behaupten, ihre Tiere hätten von dort eine Krankheit mit nach Hause gebracht und seien alle eingegangen. Warum gehen die anderen nicht ein? Könnte es sein, daß die, die krank werden, schon aus kränklichen Linien stammen? Es lohnt sich, darüber nachzudenken.

Von der Inzucht soll hier nicht die Rede sein, weil sie viele Gefahren und Risiken in sich birgt. Aus diesem Grund sollten sich nur wirkliche Fachleute damit beschäftigen – und selbst erfolgreiche Züchter mit langer Erfahrung gestehen ein, daß ihnen zum Verständnis dieser Dinge die Voraussetzungen und Grundlagen fehlen.

Ich muß zugeben, daß ich schon einige Zeit, bevor ich das Davis-Seminar besuchte, Roy Robinsons Buch «Genetics for Cat Breeders» (Oxford 1977) im Schrank stehen hatte. Ich hatte es flüchtig durchgeblättert und nie wieder angerührt, weil ich überhaupt nichts davon verstand. Ich denke bei meinen Katzen an Kater und Kätzin oder Mutter und Vater, und deshalb ergaben all diese alphabetischen Bezeichnungen (Aa, Bb) in den graphischen Darstellungen für mich keinen Sinn. Erst als ein Genetiker bei dem Seminar eine einfache Prozenttabelle an die Tafel malte und statt Aa und Bb so einfache Worte wie «Vater» und «Tochter» benutzte, ging mir ein Licht auf, und danach setzte ich mich noch einmal hinter Robinsons Buch. Diesmal begriff ich erheblich mehr, besonders weil ich das erstemal nicht weit genug gelesen hatte und mich durch die verwirrenden graphischen Darstellungen und die langen, kompliziert klingenden Fremdwörter abschrecken ließ.

Wenn Sie Roy Robinsons Buch ganz und gar verstehen, dann helfen Sie bitte mit, die Neulinge richtig zu informieren. Erzählen Sie ihnen nicht, Bruder und Schwester dürften niemals gepaart werden. (Wie oft haben Sie schon ein hervorragendes Geschwisterpaar gehabt und gedacht: «Schade, ich kann sie nicht beide behalten, weil ich sie nicht paaren darf.») Erzählen Sie den Neulingen zumindest etwas über genetische Prozente und empfehlen Sie ihnen Robinsons Buch. Ein nur teilweises Verständnis schadet allerdings mehr, als daß es nützt. Wenn Sie Ihrer Sache nicht völlig sicher sind, sollten Sie sich an einen erfahrenen Genetiker wenden (wenn Ihr Tierarzt keiner ist, wird er Ihnen vielleicht einen empfehlen) und vorderhand auf Zuchtexperimente, in die Sie nur ungenügende Einsicht haben, verzichten.

Stammbäume

Vor dem Kauf einer Rassenkatze sollten Sie sich über den Stammbaum (Ahnentafel) orientieren. Besitzt das Tier keinen derartigen Abstammungsnachweis, würde ich mich genau erkundigen, warum ein solcher fehlt. Stammbäume sind nicht nur wichtig, wenn Sie ausstellen oder züchten möchten; sie sind auch ein Qualitätsnachweis. Eine gute Züchterorganisation stellt nur Stammbäume für Kätzchen aus, die nach den jeweiligen Vorschriften gezüchtet worden sind. Ein Zuchtverband hat engen Kontakt zu Züchter und Käufer. Werden von einem Züchter kranke oder sonstwie mangelhafte Tiere verkauft, wird seine Zucht durch den Zuchtwart kontrolliert. Eben diese Kontrollen sind oft der Grund, daß Züchter fortan auf Stammbäume verzichten. Eine Ahnentafel ist also keineswegs ein Luxusdokument für Snobs, auf dem die aristokratisch klingenden Namen der Eltern, Großeltern, Urgroßeltern und Ururgroßeltern aufgeführt sind; in einer gewissenhaft betriebenen Zucht sind Stammbäume vielmehr unerläßlich.

Der Mehrpreis, den Sie für eine junge Katze mit Stammbaum bezahlen (etwa DM 200.– bis 300.–), wird nicht durch die Kosten für den Stammbaum verursacht, denn ein solches Dokument kommt den Züchter lediglich auf ungefähr DM 30.– zu stehen. Der wahre Grund der Preisdifferenz liegt in der aufwendigen Aufzucht und Auswahl der Elterntiere. Trotzdem bedeutet ein Stammbaum noch keine Garantie, daß aus dem Kätzchen eine berühmte Ausstellungskatze oder eine gute Zuchtkatze wird.

Möchten Sie eine Katze kaufen, mit der Sie an Ausstellungen teilnehmen und später züchten wollen, lohnt es sich, erst einige Ausstellungen zu besuchen, um mit erfahrenen Züchtern der ausgewählten Rasse in Verbindung zu kommen. Nur so können Sie sich ein Bild der verschiedenen Zuchtlinien machen und die vielen Namen und Nummern in einem Stammbaum richtig interpretieren.

Wie schon angedeutet, gibt es verschiedene Zuchtverbände. In fast allen Ländern Europas sind ein oder zwei Klubs an die FIFé (Fédération Internationale Féline d'Europe) angeschlossen; die Adressen dieses Verbandes und der nachstehend genannten finden Sie übrigens in Kapitel 20. Diese nationalen Klubs bestehen ihrerseits wieder aus regional oder anderswie organisierten Sektionen. In Deutschland ist einzig der 1. Deutsche Edelkatzenzüchter-Verband (DEKZV) Mitglied der FIFé. Er ist in zahlreiche regionale Verbandsgruppen unterteilt, die jedoch nicht eigentlich autonom sind. Ihre Betätigung liegt im wesentlichen in Vereinszusammenkünften.

In der Schweiz ist die Fédération Féline Helvétique (FFH) an die FIFé angeschlossen. Die FFH ist der Dachverband von zwölf autonomen Klubs.

In Österreich gibt es zwei autonome Organisationen, die von der FIFé anerkannt sind: den Österreichischen Verband für die Zucht und Haltung von Edelkatzen (Ö.V.E.K.) und den Klub der Katzenfreunde Österreichs (K.K.Ö.).

Jeder dieser Verbände hat ein eigenes Stammbuchsekretariat; alle nationalen Stammbücher sind in der Dachorganisation FIFé zusammengefaßt und sind unter sich gültig. Wird eine Katze ins Ausland verkauft, kann sie im jeweiligen Stammbuch neu registriert werden. Auch Deckkater können in der ganzen FIFé zur Zucht verwendet werden.

England und die USA gehören nicht zur FIFé. Beide Länder haben mehrere autonome Klubs. Die grössten englischen und amerikanischen Klubs sind aber eng mit der FIFé befreundet, und die Stammbäume werden gegenseitig anerkannt.

Ist ein FIFé-Stammbaum mit dem Vermerk «RIEX» bezeichnet, so handelt es sich um einen Experimentalstammbaum. Kätzchen mit RIEX-Stammbaum sind meistens Kreuzungen zwischen zwei anerkannten Rassen. Rassen werden unter sich gekreuzt, um entweder neue Rassen zu züchten oder aber die bestehenden Rassen zu verbessern und ihnen neues Blut (genetisches Material) zuzuführen. Die Nachkommen solcher Katzen können nach drei Generationen wieder ins offizielle Stammbuch eingetragen werden, sofern ihre Rasse anerkannt worden ist. Ein RIEX-Stammbaum ist kein Nachteil, weil eine so registrierte Katze an Ausstellungen genau wie alle anderen mitkonkurrieren kann.

Eine Katze, die neu in einen FIFé-Stammbaum aufgenommen wurde, erhält vorerst ebenfalls einen RIEX-Stammbaum. Tiere ohne Papiere können in der Novizenklasse ausgestellt werden. Wird ein Novize von zwei Richtern als «vorzüglich» bewertet, wird er registriert und erhält einen RIEX-Stammbaum. Auf diesem Weg kann also jede Katze FIFé-Papiere erhalten. Es ist allerdings sehr schwierig, denn eine Katze muß wirklich in hohem Maße dem geforderten Idealbild entsprechen, um aufgenommen zu werden. Man will ja durch die Aufnahme solcher Katzen die Zuchtbasis verbessern und nicht verschlechtern.

Neben den FIFé-Stammbäumen gibt es noch die Stammbäume von unabhängigen Züchterorganisationen. Einige dieser Klubs sind recht groß, andere hingegen sehr klein. Für die Zucht werden solche Papiere meist nur von dem betreffenden Verein anerkannt; für Ausstellungen laden sich unabhängige Vereine gegenseitig ein. Unabhängige Vereine sind meist weniger streng und akzeptieren jede Rasse und Farbvarietät.

Da die FIFé ihren Mitgliedern verbietet, zugleich auch einem unabhängigen Verein anzugehören, muß man sich als zukünftiger Aussteller und Züchter entscheiden, ob man entweder einem an die FIFé angeschlossenen Klubs beitreten will oder einem unabhängigen Verein. Je nachdem wird man nur Katzen kaufen, die FIFé-anerkannte oder aber «unabhängige» Papiere haben.

19 Ausstellungen

Die erste Ausstellung

Um an einer Ausstellung teilzunehmen, müssen Sie Mitglied einer FIFé-Organisation oder eines unabhängigen Vereins sein. Bei Ihrem Klubpräsidenten können Sie den Ausstellungskalender anfordern, in dem alle geplanten Ausstellungen des laufenden und des nächsten Jahres aufgeführt sind. Planen Sie frühzeitig, wo Sie Ihr Kätzchen ausstellen möchten, denn oft sind Ausstellungen schon vor Ablauf der Anmeldefrist komplett, so daß Ihre Anmeldung nicht mehr berücksichtigt werden kann. Das ist besonders ärgerlich, wenn es sich um eine Ausstellung in Ihrer Nähe handelt. Melden Sie also Ihre Katze früh genug an. Das Anmeldeformular können Sie ebenfalls bei Ihrem Klub beziehen oder an Ausstellungen kaufen. Nach sorgfältigem Durchlesen des Formulars bietet das Ausfüllen keine großen Schwierigkeiten mehr, denn außer der Klasse, in der Ihr Kätzchen konkurrieren soll, können alle Angaben dem Stammbaum entnommen werden.

Ausstellungsklassen

Ihre Katze dürfen Sie frühestens mit drei Monaten ausstellen; sie konkurriert dann in Klasse 7 (= Jugendklasse der drei bis sechs Monate alten Kätzchen). Vom sechsten Monat kommt ein Kätzchen in die Klasse 6 (= Jugendklasse der Sechs- bis Zehnmonatigen). Ist eine Katze zehn Monate alt, gilt sie als ausgewachsen und wird von da an der Klasse 5 (= Offene Klasse) zugewiesen. Ist Ihre Katze kastriert, muß sie in Klasse 8 (= Kastratenklasse) gemeldet werden. Bei der Kastratenklasse wird nicht wie bei den übrigen Klassen in männliche und weibliche Tiere unterteilt. Besitzen Sie eine Rassekatze von mehr als sechs Monaten, die keinen Stammbaum oder keinen gültigen Stammbaum hat, steht Ihnen die Möglichkeit offen, sie in Klasse 10 (= Novizenklasse) auszustellen. Wie schon besprochen, kann eine Katze auf diesem Weg zu einem Stammbaum kommen. Die Novizenklasse wird nicht nach Alter unterteilt. In der Klasse 16 können Hauskatzen jeden Alters und beider Geschlechter, kastriert oder unkastriert, ausgestellt werden. Nun bleiben noch die Klassen 1, 2, 3 und 4. In diesen Klassen jedoch wird Ihre Katze vorerst noch nicht teilnehmen können, sind sie doch den Internationalen Champions, den Champions, den Internationalen Premioren und den Premioren vorbehalten: Das sind Katzen, die in der Offenen oder in der Kastratenklasse schon Siegertitel erhalten haben.

Bewertungen und Auszeichnungen

Über jede Katze wird ein Richterbericht geschrieben, der wie folgt gegliedert ist: Typ, Kopf, Augen, Ohren, Fell, Schwanz, Bemerkungen/Kondition. Der Richter schreibt zu jedem dieser Punkte, was besonders gut oder was noch besser, das heißt rassetypischer sein sollte. Je nach Qualität der Katze stehen dem Richter vier Bewertungen zur Verfügung. Fällt der Richterbericht gut aus und ist an der Katze kaum etwas zu bemängeln, erhält sie die Bewertung «vorzüglich» (v). «Sehr gut» (sg) erhalten Katzen, die kleine Fehler aufweisen, dem Standard aber noch in hohem Maße entsprechen. «Gut» (g) bedeutet, daß eine Katze zwar gerade noch dem Standard entspricht, jedoch gravierende Fehler aufweist und deshalb nicht zur Zucht verwendet werden sollte. Die Bewertung «ziemlich gut» (zg) wird höchst selten gegeben und besagt, daß das Tier nur noch knapp als Vertreter seiner Rasse bezeichnet werden kann.

In den beiden Jugendklassen werden die Kätzchen mit «v», «sg», «g» oder «zg» bewertet. In jeder Klasse werden die ersten vier numeriert; erhält ein Kätzchen «v 1», ist es das beste seiner Klasse.

In der Offenen Klasse werden die Katzen wie in der Jugendklasse bewertet. Die Katze mit «v 1» kann aber dazu noch das CAC (Certificat d'Aptitude au Championnat) erhalten. Obwohl der Richter nicht verpflichtet ist, zum «v 1» das CAC zu vergeben, wird das CAC selten einbehalten, sind doch «vorzügliche» Katzen meist auch würdig, den Titel eines Champions zu erwerben. Hat eine Katze an drei Ausstellungen unter zwei verschiedenen Richtern ein CAC erhalten, wird sie Champion und kann von nun an in der Klasse 3 (= Championklasse) ausgestellt werden.

In der Championklasse geht die Bewertung wie in der Offenen Klasse vor sich, nur wird der besten Katze (v 1) das CACIB (Certificat d'Aptitude au Championnat International de Beauté) verliehen. Erhält eine Katze dreimal das CACIB von zwei verschiedenen Richtern in zwei verschiedenen Ländern, ist sie Internationaler Champion.

In der Klasse 1 (= Internationale Championklasse) wird zwar auch ein Richterbericht geschrieben, doch ohne Bewertung wie «v», «sg» usw. Internationale Champions erhalten einen Ehrenpreis und bewerben sich um die Titel «Rassesieger» und «Best in Show». Seit Januar 1982 können Internationale Champions noch den Titel «Großer Internationaler Champion» (Grand International Champion) erwerben. Dazu brauchen sie die Punkte, die sie als «Rassesieger» oder für «Best in Show» erhalten. Sind genügend Punkte zusammen und ist eine Katze Großer Internationaler Champion, hat sie den höchsten Titel erreicht und ist am Ende ihrer Ausstellungskarriere.

In der Kastratenklasse erfolgt die Klassierung wie in der Offenen Klasse, nur wird das CAP (Certificat d'Aptitude au Premiorat) und entsprechend ein CAPIB vergeben. Der Werdegang eines Kastraten zum «Großen Internationalen Premioren» ist also gleich wie beim unkastrierten Tier zum «Großen Internationalen Champion».

Die Ausstellungsregeln von unabhängigen Vereinen sind ganz ähnlich und weichen oft nur in Details von jenen der FIFé ab.

Der Höhepunkt jeder Ausstellung ist sicher die «Best-in-Show»-Wahl. Nach Ablauf der Einzelbewertungen stellt jeder Richter seine bestplazierten Tiere (Erwachsene, Jungtiere und Kastraten) für die Wahl der «Best in Show» – der besten Katzen der Ausstellung – vor. Dabei schreibt jeder Richter die Nummern seiner favorisierten Katzen auf den dafür vorgesehenen Zettel. Die Zettel werden eingesammelt und ausgezählt, worauf dem Publikum die «Schönsten der Schönen» in der Katzenwelt vorgestellt werden.

Wie bereite ich meine Katze vor?

In fast allen Ländern sind nur Katzen an Ausstellungen zugelassen, die gegen Tollwut geimpft sind. Die Impfung muß vor mindestens dreißig Tagen, jedoch nicht mehr als zwölf Monaten vor der Ausstellung vorgenommen worden sein. An einigen Ausstellungen ist auch eine Impfung gegen Katzenseuche und Katzenschnupfen erforderlich. Selbst wenn diese Impfungen nicht verlangt werden, würde ich doch dringend empfehlen, die Katze auch gegen diese leider immer noch häufigen Krankheiten durch Impfung zu schützen. Auf Ausstellungen kommen ja oft über tausend Katzen zusammen, und da läßt es sich nicht vermeiden, daß Ihre Katze vielen krankheitserregenden Keimen ausgesetzt ist. Dank der Schutzimpfung wird sie jedoch kaum angesteckt werden. Bringen Sie aber trotzdem nur vollkommen gesunde Tiere auf eine Ausstellung, denn sogar die kleinste Unpäßlichkeit wie zum Beispiel leichter Durchfall schwächt die Abwehrkraft (das Immunsystem), so daß das Tier schließlich doch erkrankt.

Das Wichtigste ist also, daß ihre Katze gut geimpft und gesund ist. Weitere Vorbereitungen nehmen nicht viel Zeit in Anspruch, denn eine Katze sollte immer in Ausstellungskondition sein. Wird eine Langhaarkatze nicht das ganze Jahr hindurch gut gepflegt, läßt sich kurz vor einer Ausstellung nicht mehr viel erreichen. Müssen Knoten herausgeschnitten werden, wird man das der Katze bis zum nächsten Fellwechsel ansehen.

Vor einer Ausstellung sollte eine Katze lediglich mit etwas Babypuder behandelt und gut ausgebürstet werden. Der Puder bindet das überschüssige Fett, und das Haarkleid wird dann voller und weicher. Dies ist auch für Kurzhaarkatzen zu empfehlen, denn das Fell bekommt dadurch einen gleichmäßigen seidigen Glanz. An der Ausstellung selbst kann man mit Puder auch die Farbe etwas aufhellen, beispielsweise bei weißen, blauen und cremefarbenen Persern oder bei Siamkatzen. Gehen Sie mit dem Puder aber nicht zu großzügig um, denn ein puderbestäubtes Fell ist weder für die Katze noch für den Richter angenehm.

Daß Augen und Ohren sauber sein müssen, ist ja wohl selbstverständlich. Halten Sie Ihre Katze auf der Reise zur Ausstellung der Zugluft fern. Es kommt oft vor, daß Katzen mit etwas geröteten und geschwollenen Augen ankommen. Auch wenn der Richter weiß, daß diese Entzündung nichts Schlimmes bedeutet und von der Reise herrührt, muß er die Katze doch so bewerten, wie sie vor ihm auf dem Richtertisch steht, und gerötete Augen sind der Schönheit einer Katze nun einmal nicht zuträglich. Das gleiche gilt für kleine Verletzungen und für abgebrochene Zähne. Bemühen Sie sich nicht um ein Tierarztzeugnis, um zu beweisen, daß dies auf einen Unfall zurückzuführen ist. Der Richter kann damit nichts anfangen, denn jede Ausstellung ist letztlich doch eine Schönheitskonkurrenz, an der die Katze so bewertet werden muß, wie sie sich im Moment präsentiert. Lassen Sie auch, trotz gut gemeinter Ratschläge, die Finger von Färbemitteln oder Beruhigungstabletten. Solche Eingriffe sind verboten, und der Richter hat das Recht, eine derart präparierte Katze zu disqualifizieren.

Was braucht man an einer Ausstellung?

Ich führe hier die Checkliste an, die ich mir für Ausstellungen zusammengestellt habe; sie soll davor bewahren, wichtige und weniger wichtige Dinge zu Hause zu vergessen.

1. Papiere:
Impfzeugnis, Stammbaum und Anmeldungsbestätigung Ihrer Katze

2. Pflegeutensilien:
Bürste, Kamm, Tücher, Puder, Papiertaschentücher und Wattestäbchen

3. Apotheke:
Taschenapotheke (für den Menschen); Erste-Hilfe-Ausrüstung (siehe Seite 121)

4. Katzennahrung:
Möglichst gewohnte Nahrung und gewohntes Wasser mitnehmen, während der Ausstellung nur wenig füttern.

5. Käfigausstattung:
Teppichreste als Unterlage, weiches Kissen oder Schaumstoff-Katzenhöhle, Vorhänge als Sichtblende (die Katze fühlt sich dann viel sicherer und geborgener); für die Front Plexiglas, Kunststoffkistchen von etwa 20×30 Zentimetern, Katzensand, Eß- und Trinknapf. Die Käfigmaße betragen in der Regel 70×70×70 Zentimeter, können aber auch etwas kleiner sein.

Wie wird man Richter?

Der Weg zum Richter ist recht lang und erfordert Geduld, Durchhaltevermögen und viel Zeit und Geld. Zu Beginn muß man zehnmal an einer Ausstellung als Steward tätig gewesen sein. Der Steward ist der Helfer des Richters; er holt die Katzen, die der Richter verlangt, aus den Käfigen und präsentiert sie auf dem Richtertisch. Der Steward darf selbst auch Katzen ausstellen, muß sich indes während des Richtens der Klasse, in der seine Katze konkurriert, zurückziehen. Jeder Richter hat zwei bis drei Stewards.

Nach dieser Steward-Tätigkeit kann sich der Kandidat bei seinem Verband als Richterschüler bewerben. Wird er gewählt, muß er eine Prüfung ablegen. Verläuft diese positiv und spricht er neben seiner Muttersprache noch eine zweite FIFé-Sprache (Französisch, Englisch und Deutsch sind FIFé-Sprachen), wird er von der FIFé als Richterschüler anerkannt. Die Katzen sind in vier Hauptgruppen aufgeteilt: in Langhaar-, Semilanghaar-, Kurzhaar- und Siam-/Orientalisch Kurzhaar-Katzen. Der Richterschüler muß nun entscheiden, welche der vier Gruppen er richten möchte. Danach wird er als Richterschüler an zehn Ausstellungen von einem Richter unterrichtet. Zwei der zehn Ausstellungen müssen in einem skandinavischen Land (Schweden, Norwegen oder Finnland) stattfinden. Erst jetzt kann der Kandidat an einer Ausstellung die Richterprüfung ablegen, wobei er theoretisch und praktisch von zwei Richtern geprüft wird. Ist die Prüfung bestanden (nur etwa die Hälfte der Prüfungen fallen positiv aus), hat er noch an drei Ausstellungen als Stage-Richter zu amtieren. Das heißt, daß er zwar selbständig richtet, aber noch von einem Richter kontrolliert wird. Nun ist er (oder sie) internationaler FIFé-Richter für diese eine Kategorie. Will er noch in einer zweiten Kategorie richten, muß er sich wieder an zehn Ausstellungen als Richterschüler bewähren und eine Prüfung ablegen. Wer Richter in allen Klassen werden möchte, muß an mindestens sechzig Ausstellungen teilgenommen haben. Die ganzen Kosten gehen zu eigenen Lasten; dem Steward und Richterschüler wird nur das Mittagessen vergütet, für die Reise und die Hotelspesen hat er selbst aufzukommen. Die Richterausbildung der unabhängigen Vereine wird von Klub zu Klub verschieden gehandhabt, ist aber in jedem Fall weniger lang und streng.

20 Katzenzeitschriften und Katzenzuchtverbände

Die nachfolgenden Adreßlisten erheben keinen Anspruch auf Vollständigkeit. Sie sollen lediglich einen ungefähren Überblick darauf ermöglichen, was sich vor allem auf seiten der Züchter in Sachen Katze alles tut. Vielleicht können die Adressen auch ein wenig beitragen, die Beziehungen unter den Katzenfreunden im deutschsprachigen Raum zu fördern. Zudem werden interessierte Leser in die Lage versetzt, sich an die aufgeführten Zeitschriften und Verbände zu wenden, sofern sie über ein bestimmtes Thema mehr erfahren möchten.

Katzenzeitschriften

Bundesrepublik Deutschland

Die Edelkatze	Zeitschrift des Deutschen Edelkatzenzüchter-Verbandes e. V. Friedrichstr. 48, D-6200 Wiesbaden 1 Redaktion: Rheinstr. 49, D-6200 Wiesbaden 1 Über den obgenannten Verband ist auch das «Annual Yearbook», herausgegeben von The Cat Fanciers' Association Inc. erhältlich; es orientiert über alles, was in Sachen Zucht und Ausstellungen im Laufe eines Jahres in den USA vor sich ging.
katzen	Magazin für Katzenfreunde. Offizielles Organ der Deutschen Rassekatzen-Union e. V. D. R. U., Sitz

	Köln, Verein zur Förderung der Katze in Deutschland Geschäftsstelle: Hanns Ullrich, Hauptstr. 21, D-5591 Landkern
Katzenbrief	Redaktion: Regine Lux, Gabriel-Max-Str. 72, D-8000 München 90
Katzenkurier	Fachzeitschrift für Katzenfreunde. Herausgeber: Gemeinschaft der Katzenfreunde (GdK) e. V., Dünweg 58, D-5093 Burscheid 2; Rheinischer Katzen Club e. V., Melchiorstr. 2–6, D-5000 Köln 1; Katzen-Freunde Germania e. V. (KFG), Urseler Str. 4, D-6380 Bad Homburg; Berliner Pro-Kat e. V. (BPK), Am Juliusturm 8, D-1000 Berlin 20
Katzen-extra	Symposion-Verlag GmbH, Neckarstr. 86, Postfach 33, D-7300 Esslingen
KATZEN live	Zeitschrift für Katzenfreunde. Verlag und Redaktion: Rudi Wolff, Grafenberger Allee 147, D-4000 Düsseldorf 1
Rassekatzen Journal	Deutscher Rassekatzen-Verein e. V., Stubenrauchstr. 15, D-1000 Berlin 37
unsere katze	Verlag und Herausgeber: Albrecht Philler Verlag GmbH, Stiftsallee 40, Postfach 2860, D-4950 Minden Redaktion: Käthi Knauth, Langer Brink 21d, D-3014 Laatzen 1

Österreich

Felis Austria	Katzen und wir. Fachzeitschrift des Österreichischen Verbandes für die Zucht und Haltung von Edelkatzen Ö. V. E. K., Liechtensteinstr. 126, A-1090 Wien

Schweiz

DER KATZEN-FREUND	Illustrierte Zeitschrift für Katzenliebhaber. Herausgeber: Verein der Katzenfreunde Zürich, René Demarmels, Wallisellenstr. 355, CH-8050 Zürich Redaktion: Rolf M. Hurter-Scocco, Reußtal 1, CH-5522 Tägerig
KATZENmagazin	Redaktion und Abonnemente: Roro-Press Verlag AG, Rudolf Boffa, Schwamendingerstr. 80, CH-8050 Zürich

Katzenzuchtverbände, -vereine, -klubs usw.

Internationaler Dachverband

Fédération Internationale Féline (FIFé)	Présidente d'honneur: Madame Ravel, Paris Präsident: Herr B. C. Jimmieson, Friedrichstr. 46–48, D-6200 Wiesbaden Sekretariat: Madame Claudine Rossi-Dasset, 33, rue Duquesnoy, B-1000 Bruxelles

Bundesrepublik Deutschland

An die FIFé angeschlossen:

1. Deutscher Edelkatzenzüchter-Verband (1. DEKZV) e. V.	Friedrichstr. 48, D-6200 Wiesbaden 1 Präsident: Herr B. C. Jimmieson Verbandsgruppen gibt es in vielen kleineren und größeren Städten Deutschlands

Unabhängige Organisationen:

Berliner Pro-Kat e. V. (BPK)	Am Juliusturm 8, D-1000 Berlin 20 Präsident: Herr H. Nagel

Bund für Katzenzucht	Eichenweg 4, D-3057 Neustadt 1 Präsident: Herr H. Misterek
Deutsche Pro-Kat	Albertstr. 10, D-4005 Meerbusch 3 Präsidentin: Frau Paulsen
Deutsche Rassekatzen-Union e. V. D. R. U.	Hauptstr. 21, D-5591 Landkern Präsident: Herr H. Schmitter D. R. U.-Katzenklubs sind in zahlreichen Städten und Orten Deutschlands vertreten
Deutscher Edelkatzen-Verband	Burgstr. 10, D-4176 Sonsbeck Präsident: Herr H. Gulczynski
Deutscher Katzenclub	Frauensteinerstr. 60 A, D-6200 Wiesbaden-Dotzheim Präsident: Herr R. Doerry
Deutscher Lang- und Kurzhaar-Edelkatzen-Verein	Nettekovenerstr. 70, D-5305 Bonn-Witterschlick Präsidentin: Frau E. Hombach
Deutscher Rasse-katzen-Verein e. V.	Stubenrauchstr. 15, D-1000 Berlin 37 Präsident: Herr Vocke
Deutscher Rexkatzen-Verein	Ehrenfeldgürtel 76, D-5000 Köln 30 Präsident: Herr Graeve
Gemeinschaft der Katzenfreunde (GdK) e. V.	Dünweg 58, D-5093 Burscheid 2 Präsident: Herr R. Marquardt
Katzenclub Colonia	Buchheimer Str. 64–66, D-5000 Köln 80 Präsident: Herr Kühnert
Katzen-Freunde Germania e. V. (KFG)	Urseler Str. 4, D-6380 Bad Homburg Präsident: Herr H. J. Appold
Katzenverein Berolina	Amsterdamerstr. 12, D-1000 Berlin 65 Präsidentin: Frau Schirmer
Rheinischer Katzen Club e. V.	Melchiorstr. 2–6, D-5000 Köln 1 Präsident: Herr H. Schulten

Siegerl. Rassekatzen-Verband	Postfach 1130, D-5912 Hilchenbach
Verband Deutscher Autonomer Katzenvereine	Urselerstr. 4, D-6380 Bad Homburg Präsident: Herr H. J. Appold
Verband Süddeutscher Katzenfreunde	Postfach 61, D-8500 Nürnberg 109 Präsident: Herr J. Rathnow

Österreich

An die FIFé angeschlossen:

Österreichischer Verband für die Zucht und Haltung von Edelkatzen Ö. V. E. K.	Spaunstr. 40, A-4020 Linz Präsident: Herr Jarosch
Klub der Katzenfreunde Österreichs K. K. Ö.	Saarplatz 1, A-1190 Wien Präsident: Herr R. Eybner

Unabhängige Organisation:

Interessegruppe der Vorarlberger Katzenfreunde	Holzstr. 27, A-6890 Lustenau Präsident: Herr J. Mandl

Schweiz

An die FIFé angeschlossener Dachverband:

Fédération Féline Helvétique (FFH)	Via Quiete 15, CH-6962 Viganello Präsident: Herr A. Wassilieff Sekretariat: Frau H. Comi, Höheweg 51, CH-2502 Biel/Bienne Stammbuchsekretariat: Frau H. Mannes, Wiesenstr. 3, CH-3600 Thun

An die FFH angeschlossene Vereine:

Cat Club des Montagnes	Corbusier 13, CH-2400 Le Locle Präsident: Monsieur C. Simoni
Cat Club Vaudois	Le Bocage, Route de Montblesson, CH-1066 Epalinges Präsident: Monsieur J. Bakker
Ebocat	Zürcherstr. 54, CH-8953 Dietikon Präsident: Herr B. Rettenmund
Gesellschaft der Katzenfreunde Luzern und Zentralschweiz	Geißmattstr. 46, CH-6004 Luzern Präsident: Herr Ch. Hilbrand
Katzenclub Basel und Umgebung	Augsterstr. 35, CH-4302 Augst Präsidentin: Frau B. Fasler
Katzen- und Edelkatzenclub Bern	Moosgasse 20E, CH-3349 Iffwil Präsident: Herr D. Schilling
Rasse-Katzen-Vereinigung Ostschweiz	Röschibachstr. 79, CH-8037 Zürich Präsident: Herr A. Wittich
Società Felina Ticinese	CH-6966 Villa Luganese Präsident: Sig. A. Galimberti
Société Féline Genevoise	Route d'Hermance 316, CH-1247 Anières Präsident: Monsieur J. P. Jacquier
Société Féline Neuchâteloise	Avenue Pierre de Savoie 72, CH-1400 Yverdon Präsident: Monsieur J. Bonhôte
Société du Chat Persan et Siamois	Casa alla Motta, Sentiere delle Vigne 35, CH-6612 Ascona Präsidentin: Mme P. Hollenstein

Unabhängige Organisationen:

Association Féline Suisse	Place Bel-Air 11, CH-1260 Nyon Präsident: Monsieur G. Drompt

Cat Club de Genève	Chemin du Joli Bois, CH-1292 Chambésy Präsident: Monsieur H. Jaccoud
Cat Club del Mendrisiotto	Robiana, CH-6863 Besazio Präsidentin: Frau E. Witschi
Edelkatzenclub Baselland	In den Reben 160, CH-4118 Rodersdorf Präsident: Herr Dr. H. P. Bauer
Club Félin Helvétique	Route de Vernier 108D, CH-1219 Le Lignon Präsidentin: Frau Perret
Verein der Katzen- freunde Zürich	Wallisellenstr. 355, CH-8050 Zürich Präsident: Herr R. Demarmels

Register

Medizin und Gesundheit Knaur®

Aubert, Claude:
Das große Buch der biologisch-gesunden Ernährung
208 S. Mit Tabellen und Grafiken.
Band 4301

Friedmann, Lawrence:
W. und Lawrence Galton:
Was tun, wenn der Rücken schmerzt?
288 S. mit 58 Abb.
Band 4302

Galton, Lawrence:
Was tun, wenn der Magen streikt?
Das menschliche Verdauungssystem und seine normalen wie auch gestörten Funktionen.
336 S. Band 4304

Hertwig, Hugo:
Knaurs Heilpflanzenbuch
Ein Hausbuch der Naturheilkunde.
400 S. mit 50 mehrfarb. Pflanzendarstellungen.
Band 7197

Kaiser, Dr. med. Josef H.:
Das große Kneipp-Hausbuch
Dieses große Kneipp-Buch leitet an zu richtiger Ernährung, zu Anwendung von Heilpflanzen sowie zu einer naturgemäßen Lebens- und Heilweise.
864 S.
Jubiläumsband 4306.

Knaurs Gesundheitslexikon:
960 S. mit 155 Abb.
Band 7002

Knaut, Horst:
Herzinfarkt
Ursachen, Erfahrungen, Ratschläge.
320 S. Band 4305

Obeck, Victor:
Isometrik
Die erfolgreiche und revolutionäre Methode für müheloses Muskeltraining.
128 S. mit 120 Abb.
Band 4303

Sponsel, Heinz:
Die Heilkräfte der Natur
224 S. Band 7441